Teubners
Naturwissenschaftliche Bibliothek

Die Sammlung will Lust und Liebe zur Natur wecken und fördern, indem sie in leichtfaßlicher Weise über die uns umgebenden Erscheinungen aufklärt und die Selbsttätigkeit anzuregen sucht, sei es durch bewußtes Schauen und sorgfältiges Beobachten in der freien Natur oder durch Anstellung von planmäßigen Versuchen daheim. Zugleich soll der Leser einen Einblick gewinnen in das Leben und Schaffen großer Forscher und Denker, durch Lebensbilder, die von Ausdauer, Geduld und Hingabe an eine große Sache sprechen. — Die mit zahlreichen Abbildungen geschmückten Bändchen, die auf einen geordneten Anfangsunterricht in der Schule aufgebaut sind, sind nicht nur für Schüler bestimmt, sie werden auch erwachsenen Naturfreunden, denen daran liegt, die in der Schule erworbenen Kenntnisse zu verwerten und zu vertiefen — vor allem aber Studierenden und Lehrern —, nützlich sein.

Serie A. Für reifere Schüler, Studierende und Naturfreunde.

Alle Bände sind reich illustriert und geschmackvoll gebunden.

Große Physiker. Von Direktor Prof. Dr. Joh. Keferstein. Mit 12 Bildnissen . . . M. 18.—

Physikalisches Experimentierbuch. V. Studient. Prof. H. Rebenstorff. In 2 Teilen. I. Teil. 2. Aufl. Mit 99 Abb. M. 23.- II. Teil. Mit 87 Abb. M. 18.-

Chemisches Experimentierbuch. Von Prof. Dr. Karl Scheid. In 2 Teilen. I. Teil. 4. Auflage. Mit 77 Abb. M. 18.-. II. Teil. 2. Aufl. Mit 51 Abbildungen . . . . M. 20.-

An der Werkbank. Von Prof. E. Gscheidlen. Mit 110 Abbildungen und 44 Tafeln . . . M. 20.-

Hervorragende Leistungen der Technik. Von Prof. Dr. K. Schreber. Mit 56 Abbildungen. M. 12.-

Vom Einbaum zum Linienschiff. Streifzüge auf dem Gebiete der Schiffahrt und des Seewesens. Von Ing. Karl Radunz. Mit 90 Abbildungen. M. 12.-

Die Luftschiffahrt. Von Dr. R. Nimführ. Mit 99 Abbildungen . . . . M. 9.-

Aus dem Luftmeer. Von Oberl. M. Saffenfeld. Mit 40 Abbildungen . . . . . . M. 9.—

Himmelsbeobachtung mit bloßem Auge. Von Studienrat Franz Rusch. 2. Aufl. Mit 30 Figuren und 1 Sternkarte als Doppeltafel . . . M. 20.-

An der See. Geogr.-geologische Betrachtungen. Von Prof. Dr. P. Dahms. Mit 61 Abb. M. 14.-

Küstenwanderungen. Biologische Ausflüge. Von Dr. V. Franz. Mit 92 Figuren . . . . . M. 9.-

Geologisches Wanderbuch. Von Dir. Prof. Dr. K. G. Volk. 2 Teile. I. Mit 201 Abb. u. 1 Orientierungstafel. 2. Aufl. M. 30.-. II. Mit 269 Abb. i. Text, 1 Orientierungstafel u. 1 Titelbild. M. 30.-

Große Geographen. Bilder aus der Geschichte der Erdkunde. Von Prof. Dr. Felix Lampe. Mit 6 Porträts, 4 Abb. und Kartenskizzen . M. 16.20

Geographisches Wanderbuch. Von Priv.-Doz. Dr. A. Berg. 2. Aufl. Mit 212 Abb. M. 22.-

Anleitung zu photogr. Naturaufnahmen. Von Lehr. G. E. H. Schulz. M. 41 photogr. Aufn. M. 16.50

Vegetationsschilderungen. Von Prof. Dr. P. Gräbner. Mit 40 Abbildungen . . . M. 10.80

Unsere Frühlingspflanzen. Von Prof. Dr. Fr. Höck. Mit 76 Abbildungen . . . . M. 12.-

Große Biologen. Bilder a. d. Geschichte d. Biol. gie. Von Prof. Dr. W. Maß. Mit 21 Bildnissen. M. 12.-

Biologisches Experimentierbuch. Anleitung z. selbst. Stud. d. Lebenserscheinung. f. jugendl. Naturfreunde. V. Prof. Dr. E. Schäffer. Mit 100 Abb. M. 20.-

Insektenbiologie. Von Prof. Dr. Chr. Schröder. [In Vorb. 1921.]

Erlebte Naturgeschichte. (Schüler als Tierbeobachter.) Von Rektor E. Schmitt. 2. Aufl. Mit 35 Abb. Kart. . . . . M. 19.80

Das Leben unserer Vögel. Von J. Thienemann. [In Vorb. 1921.]

In Vorbereitung:

Große deutsche Industriebegründer. Von C. Matschoß. - **Große Mathematiker.** Von C. Löffler

Große Chemiker. Von O. Ohmann und R. Winderlich.

Serie B. Für jüngere Schüler und Naturfreunde.

Physikalische Plaudereien für die Jugend. Von Oberlehrer L. Wunder. Mit 15 Abbildungen. Kart. . . . . M. 6.—

Chemische Plaudereien für die Jugend. Von Oberlehrer L. Wunder. Mit 5 Abbildungen. Kart. . . . . M. 6.—

Mein Handwerkszeug. Von Prof. O. Frey. Mit 12 Abbildungen . . . . . . Kart. M. 4.80

Vom Tierleben in den Tropen. Von Prof. Dr. K. Guenther. Mit 7 Abbildungen. Kart. M. 4.80

Versuche mit lebenden Pflanzen. Von Dr. M. Oettli. Mit 7 Abbildungen . . . Kart. M. 4.80

Springer Fachmedien Wiesbaden GmbH

Preisänderung vorbehalten

Naturw. Bibl. 5: Rusch, Himmelsbeobachtung. 2. Aufl.

Beobachtung des Himmels mit einfachen Instrumenten. Von *F. Rusch*, Studienrat am Gymnasium in Dillenburg. 2. Aufl. Mit 6 Abb. [II u. 51 S.] 8. 1919. (Math.-phys. Bibl. Bd. 14.) Kart. M. 5.—

Das Bändchen gibt nach einer Besprechung von Fernrohr, Prismenglas und photographischem Apparat, ihrer Fehler und ihrer Bedeutung für die astronomische Forschung eine Anleitung zu erfolgreichem, wissenschaftlichen Beobachten von Fixsternen, Sonne, Planeten und Mond.

Astronomie. Unter Redaktion von Geh. Reg.-Rat Dr. *J. Hartmann*, Prof. a. d. Univ. Göttingen. Bearb. von *L. Ambronn, Fr. Boll, A. v. Flotow, F. K. Ginzel, K. Graff, P. Guthnick, J. Hartmann, J. v. Hepperger, H. Kobold, S. Oppenheim, E. Pringsheim†*. Mit 44 Abb. im Text u. 8 Tafeln. [VIII u. 638 S.] Lex. 8. 1921. (Die Kultur der Gegenwart hrsg. von Prof. Dr. *P. Hinneberg*, Berlin. Teil III, Abt. III, Bd. 3.) Geh. M. 114.—, geb. M. 138.—

„Soll ich in kurzen Worten mein Urteil über das Buch zusammenfassen, so möchte ich sagen: bei völligem Fehlen nutzloser Spekulationen verbindet es eine Übersicht über die gesamte astronomische Forschung mit einer historischen Darstellung des Einflusses der Sternkunde auf das äußere Leben und die Weltanschauung aller Kulturstufen. Es gehört daher in die Bibliothek — natürlich jedes Fachmannes — aller Freunde der Himmelskunde, aber besonders auch in die Schulbibliotheken." **(Kölnische Volkszeitung.)**

Astronomisches Wörterbuch. Von Dr. *H. Naumann*, Observ. a. d. Sternwarte d. Univ. Leipzig. (Teubn. kl. Fachwörterbüch. Bd. 11.) [In Vorb. 1921.]

Der Band enthält alles Wissenswerte aus der gesamten Astronomie: der beschreibenden Astronomie, Astrometrie, Astrophysik, der sphärischen Astronomie, Instrumentenkunde, der Chronologie, soweit sie auf der Astronomie fußt. Auch der Geschichte der Astronomie ist durch Aufnahme der bedeutendsten Astronomen aller Zeiten und Länder mit kurzen Angaben über ihr Leben und ihre Leistungen Rechnung getragen worden.

Astronomisches Weltbild im Wandel der Zeit. Von Dr. *S. Oppenheim*, Prof. a. d. Univ. Wien. I. Teil: Vom Altertum bis zur Neuzeit. 3. Aufl. Mit 18 Abb. im Text. [136 S.] 8. 1920. II. Teil: Moderne Astronomie. 2. Aufl. Mit 9 Fig. im Text u. 1 Tafel. [130 S.] 8. 1920. (ANuG Bd. 444/45.) Kart. je M. 6.80, geb. je M. 8.80

Im ersten Teile wird die Entwicklung der Vorstellungen über das astronomische Weltbild von den Anfängen astronomischer Forschung bis zur modernen Zeit dargestellt, im zweiten werden die mehr mathematischen Probleme der Astronomie (Bewegung der Planeten, Monde und Kometen, Bestimmung der Gestalt der Himmelskörper, Verteilung und Bewegung der Fixsterne) erörtert.

Entstehung der Welt und der Erde nach Sage und Wissenschaft. Von Geh. Reg.-Rat Dr. *M. B. Weinstein*, weil. Prof. a. d. Univ. Berlin. 3. Aufl. [128 S.] 8. 1919. (ANuG Bd. 223.) Kart. M. 6.80, geb. M. 8.80

Stellt das Problem der Entstehung von Welt und Erde dar, wie es bei allen Völkern und zu allen Zeiten wiederkehrt, wie seine Lösung ewig erstrebt wird von der dichterisch und religiös schaffenden Phantasie und von der wissenschaftlichen Reflexion und Theorie.

Weltuntergang in Sage und Wissenschaft. Von Dr. *K. Ziegler*, Prof. a. d. Univ. Breslau, und Dr. *S. Oppenheim*, Prof. a. d. Univ. Wien. (ANuG Bd. 720.) Kart. M. 6.80, geb. M. 8.80

Das Bändchen berichtet in seinem ersten Teil über die Weltuntergangsmythen der Völker der Erde und gibt im zweiten Teile ein Bild davon, wie weit heute die Wissenschaft die Frage nach dem „Untergang der Welt" beantworten kann, sowohl hinsichtlich des Sonnensystems als des Fixsternsystems, zuletzt die Frage des „allgemeinen Wärmetodes" erörternd.

Sternglaube und Sterndeutung. Die Geschichte und das Wesen der Astrologie. Unter Mitwirkung von Geh. Rat Dr. *C. Bezold*, Prof. a. d. Univ. Heidelberg, dargestellt von Geh. Hofrat Dr. *Fr. Boll*, Prof. a. d. Univ. Heidelberg. 2. Aufl. Mit 1 Sternkarte und 20 Abb. [VIII u. 110 S.] 8. 1919. (ANuG Bd. 638.) Kart. M. 6.80, geb. M. 8.80

Sucht die nach Jahrtausenden zählende, den ganzen Erdball umspannende Geschichte der Astrologie von Babylon bis zur deutschen Romantik und zur Gegenwart vorzuführen und Wesen und ursprünglich guten Sinn des Sternglaubens verständlich zu machen.

Springer Fachmedien Wiesbaden GmbH

Preisänderung vorbehalten

Die Sonne. Von Dr. *A. Krause,* Studienrat am Nikolaigymnasium in Leipzig. Mit 64 Abb. im Text u. auf 1 Tafel in Buntdruck. [IV u. 126 S.] 8. 1911. (ANuG Bd. 357.) Kart. M. 6.80, geb. M. 8.80

„Was die Sonnenforschung an sicheren Ergebnissen geliefert hat, erfährt eine gründliche Behandlung. Verfasser hat eine mustergiltige Darstellung unseres Wissens von der Sonne geschaffen." **(Vierteljahrsbericht d. Wien. Vereins z. Förder. phys. u. chem. Unterr.)**

Der Mond. Von Geh. Reg.-Rat Prof. Dr. *J. Franz,* weil. Dir. d. Univ.-Sternwarte zu Breslau. 2. Aufl. Mit 34 Abb. im Text und auf 2 Doppeltafeln. [IV u. 120 S.] 8. 1912. (ANuG Bd. 90.) Kart. M. 6.80, geb. M. 8.80

Gibt die Ergebnisse der neueren Mondforschung wieder, erörtert Mondbewegung und Mondbahn, Einfluß des Mondes auf die Erde, Fragen der Oberflächenbedingungen des Mondes, die charakteristischen Mondgebilde, endlich die Bewohnbarkeit des Mondes.

Die Planeten. Von Dr. *B. Peter,* weil. Prof. a. d. Univ. Leipzig. 2. Aufl., durchges. von Dr. *H. Naumann,* Observator a. d. Univ.-Sternwarte zu Leipzig. Mit 16 Fig. i. Text. [125 S.] 8. 1920. (ANuG Bd. 240.) Kart. M. 6.80, geb. M. 8.80

Behandelt nach den neuesten Forschungen an der Hand interessanter Abbildungen die einzelnen Körper des Planetensystems, ihre Erscheinungen für das unbewaffnete und bewaffnete Auge, ihre Bahnen, ihre physikalischen Eigenschaften sowie die sie begleitenden Trabanten.

Der Bau des Weltalls. Von Dr. *J. Scheiner,* weil. Prof. am astrophysikalischen Observatorium zu Potsdam. 5. Aufl. bearb. von Dr. *P. Guthnick,* Prof. a. d. Univ. Berlin. Mit 28 Figuren i. Text. [120 S.] 8. 1920. (ANuG Bd. 24.) Kart. M. 6.80, geb. M. 8.80

Das Buch gibt ein anschauliches Bild des Weltalls und führt den Leser in das an Mannigfaltigkeit der Formen und räumlicher Ausdehnung ungeheure System der Fixsterne als der Gesamtheit der unseren Sinnen zugänglichen Welt ein.

Populäre Astrophysik. Von Dr. *J. Scheiner,* weil. Prof. am astrophysikal. Observatorium z. Potsdam. 3. Aufl., neubearb. v. Dr. *K. Graff,* Prof. a. d. Sternwarte in Bergedorf b. Hamburg. Mit zahlr. Taf. u. Fig. Geh. ca. M. 75.—, geb. ca. M. 85.—

Die durchgreifende Neubearbeitung des Werkes hat die neuesten Forschungsergebnisse berücksichtigt, die sich nicht mehr nur auf die Physik der Gestirne beziehen, sondern auch in das Gebiet der Astronomie übergreifen. Insbesondere ist auf die äußerst wichtigen Entdeckungen entsprechend ausführlich eingegangen worden, welche die Beziehungen zwischen den Spektren und der absoluten Helligkeit der Sterne festgestellt haben. Durch klare Gliederung des Stoffes und zahlreiche Abbildungen ist dafür gesorgt, daß die Anschaulichkeit überall zur Geltung kommt und so auch weiteren Kreisen ein Einblick in das Schaffensgebiet der neueren Himmelskunde gegeben wird.

Astronomische Erdkunde. Von *O. Hartmann,* Prof. a. d. Oberrealschule in Pforzheim. 6. Aufl. Mit 38 Textfiguren, 1 Stern- und 1 Mondbahnkarte und 98 Übungsaufgaben. [XI u. 83 S.] gr. 8. 1921. Kart. M. 14.40

„... Hervorzuheben sind seine **Klarheit und Einfachheit**, so daß die Absicht, durch die angewandte Lehrmethode die Freude an der Beobachtung des Himmels dauernd wachzuhalten, zweifellos erreicht wird." **(Das Weltall.)**

Astronomie in ihrer Bedeutung für das praktische Leben. Von Dr. *A. Marcuse,* Prof. a. d. Univ. Berlin. 2. Aufl. Mit 26 Abb. im Text. [109 S.] 8. 1919. (ANuG Bd. 378.) Kart. M. 6.80, geb. 8.80

Behandelt Wesen und Methoden der Ortsbestimmung bei Land-, See- und Luftfahrten, öffentlichen Zeitdienst und Kalenderwesen und die Beziehungen der Astronomie zu Meteorologie, Geographie, Verkehrswesen und Medizin.

Große Physiker. Bilder aus der Geschichte der Astronomie und Physik. Für reifere Schüler, Studierende und Naturfreunde. Von Prof. Dr. *J. Keferstein,* Dir. a. Realgymnasium d. Johanneums zu Hamburg. Mit 12 Bildnissen auf Tafeln. [IV u. 233 S.] 8. 1911. (Teubn. naturw. Bibl. Bd. 4.) Geb. M. 18.—

„Der Verf. versteht es, die Leistungen des Einzelnen in ihrer kulturellen Bedeutung für ihr Zeitalter und die Wissenschaft zu erklären und ihre geschichtlichen Zusammenhänge mit der Vergangenheit darzustellen." **(Blätter für das bayer. Gymnasialschulwesen.)**

Springer Fachmedien Wiesbaden GmbH

Preisänderung vorbehalten

Teubners Naturwissenschaftliche Bibliothek

5

Himmelsbeobachtung mit bloßem Auge

zugleich eine Einleitung in die Methoden und Ergebnisse der Astronomie

Von

Franz Rusch
Studienrat in Dillenburg

Zweite Auflage

Mit 30 Abbildungen im Text und einer Sternkarte als Doppeltafel

Springer Fachmedien Wiesbaden GmbH 1921

Additional material to this book can be downloaded from http://extras.springer.com

ISBN 978-3-663-15357-3   ISBN 978-3-663-15928-5 (eBook)
DOI 10.1007/978-3-663-15928-5

Schutzformel für die Vereinigten Staaten von Amerika:
Copyright 1921 by Springer Fachmedien Wiesbaden
Ursprünglich erschienen bei B. G. Teubner in Leipzig 1921.
Softcover reprint of the hardcover 2nd edition 1921

Alle Rechte, einschließlich des Übersetzungsrechts, vorbehalten.

Vorwort zur zweiten Auflage.

Das Buch will zum eigenen Beobachten anleiten und benutzt hauptsächlich das bloße Auge als Hilfsmittel. Es will nicht die Überzahl der volkstümlichen Darstellungen der Astronomie um eine vermehren, sondern dem Leser den Unterbau aller Himmelskunde auf Grund eigener Beobachtung vermitteln. Fähigkeiten von bleibendem Wert statt im Gedächtnis unfruchtbar ruhender Kenntnisse soll der Leser sich erwerben. An Kenntnissen wird daher, in kleinerem Druck, so wenig wie möglich geboten. Doch auch bei den mitgeteilten Beobachtungen ist keine Vollständigkeit angestrebt.

Es hat daher keinen Sinn, das Buch in einem Zuge zu lesen. Aber wenn der Leser wirklich selbst beobachtet, wird er den Erfolg an sich spüren, zu lernen, mit jedem Hilfsmittel die Ergebnisse so genau wie möglich zu gestalten.

Die Zahlenangaben sind neuzeitlich verbessert, im wesentlichen ist nicht viel geändert.

Die Mathematik eines Primaners wird vorausgesetzt. Ohne sie ist eine fruchtbare Beobachtung des Himmels nicht gut denkbar.

Dillenburg 1921.

Franz Rusch.

Von demselben Verfasser sind erschienen:
Beobachtung des Himmels mit einfachen Instrumenten. Leipzig, B. G. Teubner.
Eine Reise durch die Sternenwelt. Leipzig, Turmverlag.
Wie der Sterne Chor um die Sonne sich stellt. Leipzig, Theodor Thomas.

Inhaltsverzeichnis.

		Seite
I.	Die Lufthülle der Erde	1
II.	Die Zeit	6
III.	Die Zeitrechnung	26
IV.	Der Beobachtungsort	34
V.	Der Sternhimmel	41
	Helligkeit der Sterne	58
	Die Farbe der Fixsterne	69
	Doppelsterne, Sternhaufen. Nebelflecken	71
VI.	Die Sonne	80
VII.	Der Mond	104
VIII.	Die Planeten	115
IX.	Die Kometen, Meteore und Sternschnuppen	143
X.	Die Benutzung des photographischen Apparates bei Himmelsbeobachtungen	156
Sachregister		164

Verzeichnis der Tafeln.

		Seite
1.	Mittlere atmosphärische Strahlenbrechung	3
2.	Extinktion	4
3.	Sonnenorte	32
4.	Tafel zur Verwandlung von M. 3. in St.. 3.	34
5.	Geographische Lage deutscher Städte	40
6.	Veränderliche Sterne	67
7.	Sternverzeichnis	76
8.	Elemente der großen Planeten	121
9.	Fluchtpunkte der Sternschnuppenschwärme	125

I. Die Lufthülle der Erde.

Wenn man zum erstenmal durch ein größeres oder gar sehr großes Fernrohr zu sehen das Glück hat, so wird man wohl meistenteils arg enttäuscht sein, wie über die geringe Ausdehnung des Objekts, so über seine geringe Schärfe. Selten hört der Astronom, der einem Laien zum erstenmal z. B. den Mars zeigt, Ausrufe des Entzückens, es sei denn von jener Dame, die in ein noch durch die Kappe verschlossenes Instrument blickend, „wie wunderbar ist doch der Mars", ausrief. Meist spart der Besucher nicht mit ziemlich deutlichen Worten über die Kläglichkeit der Bilder, und wenn er sich beherrscht, so tut er es nur aus Höflichkeit seinem Gastgeber gegenüber.

Wir wollen diese Tatsache gewiß nicht benutzen, um das Thema unseres Büchleins „Die Beobachtung mit freiem Auge" als besonders anziehend hinzustellen, sondern wir wollen den ehrlichen Ausspruch, den einer meiner Gäste beim Betrachten des Mondes durch ein durchaus achtbares Instrument mit 180facher Vergrößerung tat: „mit bloßem Auge sehe ich ihn aber besser!" einmal prüfen und zu begründen versuchen. Zwei Gründe geben dem Laien die Berechtigung zur Enttäuschung: er ist einmal nicht gewöhnt und vor allem nicht geübt, durch ein Fernglas zu sehen, zum andern aber sieht man wirklich mit bloßem Auge besser. Das kommt so: Zwischen dem Beobachter und dem Himmelskörper liegt leider die Lufthülle der Erde, wie etwa eine Fensterscheibe, die nicht an allen Stellen gleich dicht ist, sondern aus allen möglichen durcheinander gequirlten Schichten besteht. Jedermann weiß aber, daß man durch eine Fensterscheibe mit dem Opernglas nichts, mit dem bloßen Auge aber noch recht gut sehen kann. Die Abbildungsfehler, die die Fensterscheibe liefert, werden von dem Glase mit vergrößert! Ebenso bei der Lufthülle: sie legt sich mit all ihren Unsauberkeiten stets zwischen uns und den Himmelskörper, sie beeinträchtigt jede Beobachtung, auch die mit freiem Auge, doch stärker die mit Fernrohren. Je größer die Luftmasse ist, durch die das von dem Fernrohr aufgefangene Licht gegangen ist, und je stärker die Vergrößerung ist, desto mehr treten die Störungen durch die Luftunruhe hervor. Daraus ergibt sich, daß große Fernrohre nicht immer mehr leisten als mittlere, vor allem aber, daß man nahe dem Horizont keine guten Beobachtungen mehr wird anstellen können.

Ehe wir uns an Beobachtungen heranwagen, werden wir folglich die Lufthülle der Erde und ihren Einfluß auf Beobachtungen zu untersuchen haben. Daß der Einfluß ein schädlicher ist, haben wir schon eingesehen, also müssen wir ihn nach Möglichkeit ausschalten. Wir erreichen dies durch Beobachten von hochgelegenen Orten, im Gebirge, und Vermeiden von Beobachtungen in der Nähe des Horizonts, endlich durch Benutzung möglichst klarer Abende zu unsern Beobachtungen. Ist uns die Wahl nicht gestellt, so werden wir die störenden Einflüsse namhaft machen, damit ein anderer unserer Beobachtung nicht etwa einen ihr nicht zukommenden Wert beilegt. Dies geschieht durch Angabe der Höhe über Normal-Null des Beobachtungsortes, durch Hinweis auf die geringe Höhe des Sterns über dem Horizont, durch Feststellung der Wolken, von Dunstschichten, des störenden Einflusses einer Gaslaterne, des Mondlichts usw.

Um die Luftunruhe an verschiedenen Tagen zu messen und miteinander zu vergleichen, braucht man nur eine Wirkung der Luftunruhe zu studieren, die jedem bekannt ist: das Funkeln der Fixsterne (Scintillieren). Das von dem Stern ausgehende Lichtbündel wird nämlich bei seinem Wege durch die Luftschichten bald divergent, bald konvergent, so daß es manchmal verdünnt, manchmal verdichtet das Auge des Beobachters trifft. Dann erlischt der Stern, um im nächsten Augenblick besonders hell sichtbar zu werden, er funkelt also. Bei den flächenhaften Planeten tritt dies nicht auf, da sich doch stets ein Punkt findet, der noch Licht in unser Auge sendet. Bei Fixsternen treten, besonders nahe dem Horizont, auch Farben auf, da immer mit Brechung Farbenzerlegung verbunden ist. Nimmt man ein Opernglas und stellt scharf auf den Stern ein, bewegt dann das Glas in einem kleinen Kreise oder bewegt den Kopf ohne Glas wie beim Kopfschütteln, so beschreibt der Stern im Gesichtsfeld eine Linie, an der die Auslöschstellen des Sterns deutlich sichtbar sind. Bewegt man im Takt einer Uhr und zählt die dunklen Stellen, so gibt diese Zahl ein Maß der Luftunruhe.

Solche Messungen sind für die Beurteilung des kommenden Wetters nützlich: bei großer Luftunruhe ist stets windiges oder regnerisches Wetter am folgenden Tage sicher. Wenn also die Sterne „so schön" funkeln, so ist das kein sehr gutes Zeichen, weder für das Wetter,

Die Luftunruhe. Atmosphärische Brechung

noch vor allem für die Beobachtungen. Helligkeitsschätzungen von Sternen sind dann ganz ausgeschlossen.

Während die Luftunruhe vom Menschen noch nicht bezwungen ist und — außer durch Wahl großer Höhen für den Beobachtungsort — nie zu bezwingen ist, können zwei andere Wirkungen der Luft in Rechnung gesetzt werden.

Dazu gehört die sog. atmosphärische Brechung. Ein die Lufthülle von außen nach innen durchsetzender Lichtstrahl wird, weil er allmählich in mechanisch und optisch dichtere Schichten kommt, nach dem Snelliusschen Brechungsgesetz dem Einfallslot zu gebrochen, kommt also geneigter auf der Erdoberfläche an, als er die Lufthülle der Erde erreichte. Jeder Himmelskörper erscheint uns gehoben. Wenn die Sonne untergeht, steht sie in Wirklichkeit schon etwas unter dem Horizont. Nur die Sterne senkrecht über uns sehen wir an ihrem wahren Ort. Der Betrag der Hebung ist also für die Höhe 90° über dem Horizont gleich Null, nimmt dann langsam zu, bis er, wie unser Täfelchen zeigt, im Horizont einen halben Grad erreicht.

Diese Hebung, die atmosphärische Brechung, ist von allen gemessenen Höhen in Abzug zu bringen. Unsere Tafel gibt ihren Wert im Mittel an.

Mittlere atmosphärische Brechung.

Scheinbare Höhe	Atmosphärische Brechung			Scheinbare Höhe	Atmosphärische Brechung		
90°	0°	0′	0″	9°	0°	5′	49″
80	0	0	10	8	0	6	30
70	0	0	21	7	0	7	20
60	0	0	33	6	0	8	23
50	0	0	48	5	0	9	47
40	0	1	9	4	0	11	39
35	0	1	22	3	0	14	15
30	0	1	40	2	0	18	9
25	0	2	3	1	0	24	25
20	0	2	37	0° 40′	0	27	23
15	0	3	32	0 20	0	30	52
10	0	5	16	0 0	0	34	54

Eine letzte Wirkung der Lufthülle ist auch von vornherein zu erwarten: jeder durchsichtige Körper verschluckt einen Teil des durchgehenden Lichtes. Ebenso die Luft; also muß derselbe Stern im Zenit wesentlich heller erscheinen als im Horizont, da das Licht im Horizont eine viel längere Strecke in der Luft zurückgelegt hat. Die Abnahme an Helligkeit vom Zenit bis zu einer kleineren Höhe heißt die „Auslöschung" oder Extinktion. Sie ist eigentlich für jeden Ort verschieden — hängt z. B. von der Höhe über dem Meer ab, im großen und ganzen wird sie in Deutschland gleich der von Müller für Potsdam bestimmten sein, die in der folgenden Tafel angegeben ist. Sie ist bei allen Schätzungen von Sternhelligkeiten zu der geschätzten Helligkeit zu addieren, worauf hier ein für allemal hingewiesen sei. Ist also ein Stern 1,0 Größenklassen heller als ein Stern 2. Größenklasse geschätzt, doch der erste 10° über dem Horizont, der letzte 50°, so ist der erste 1,92 Größenklassen heller als der letzte.

Wie stark die Extinktion auf hohen Bergen abnimmt, zeigten die auf dem Säntis gefundenen Werte, 2500 m über dem Meer.

Auslöschung der Sterne in Größenklassen.

Höhe über dem Horizont	Potsdam	Säntis	Höhe über dem Horizont	Potsdam	Säntis
90°	0,00	0,00	25	0,32	0,19
80	0,00	0,00	20	0,45	0,26
70	0,01	0,01	15	0,65	0,39
60	0,03	0,02	10	0,98	0,63
50	0,06	0,04	5	1,72	1,26
40	0,12	0,08	2	3,10	2,34
30	0,23	0,14			

Aber auch abgesehen von der Einwirkung auf die Beobachtung der Himmelskörper bietet der Luftmantel der Erde Erscheinungen dar, die interessant und lehrreich genug sind.

Zunächst die Dämmerung. Sie entsteht durch Beleuchtung der atmosphärischen Luft durch die Sonne. Auf Himmelskörpern ohne Lufthülle, wie z. B. auf unserem Mond, würde mit dem Augenblick des Sonnenunterganges völlige Nacht eintreten. Ja der Tageshimmel, der weiter nichts ist als die beleuchtete Luft, ist selbst völlig schwarz und zeigt alle Sterne neben der Sonne.

Doch bleiben wir auf der Erde. Bei uns herrscht noch kürzere oder längere Zeit nach Sonnenuntergang Dämmerung. Lambert unterscheidet die astronomische Dämmerung von der bürgerlichen. Die erste zählt so lange, wie überhaupt ein Stück der Lufthülle beleuchtet ist, die letzte so lange, wie ein im Freien arbeitender Mensch Licht

Extinktion. Dämmerung

genug zur Arbeit hat. Nach anderem Übereinkommen zählt man die bürgerliche Dämmerung so lange, wie man mittelgroße Druckschrift im Freien lesen kann. Man hat gefunden, daß die astronomische Dämmerung bis zu einer Sonnenhöhe von $-16°$, die bürgerliche bis zu einer Sonnenhöhe von $-6° 30'$ gilt. Doch sind diese Zahlen sehr veränderlich. Man versuche beide Zeiten festzulegen, notiere also bis auf Minuten und Sekunden die Zeiten des Erlöschens beider Dämmerungen. Ist t diese Zeit, während t_0 die nach S. 31 zu findende Zeit des wahren Mittags ist, so ist die gesuchte Höhe der Sonne h gegeben durch:

$$\sin h = \sin \varphi \sin \delta + \cos \varphi \cos \delta \cos 15 (t-t_0).$$

Hierin ist φ die Breite des Orts (vgl. S. 34 ff.), δ die nach der Tafel S. 32 zu findende Sonnendeklination.

Für $50°$ Breite ist die Dauer der Dämmerung im Frühlings- und Herbstanfang 110^m, im Wintersanfang 120^m, dagegen im Sommersanfang gerade 4^h, d. h. gleich der halben Nacht (Zeit der weißen Nächte).

Auch das Sichtbarwerden erst der helleren, dann der schwächeren Sterne in der Abenddämmerung (oder ihr Verschwinden in der Morgendämmerung — für Frühaufsteher!) läßt das Vorschreiten der Dämmerung beobachten. Man notiere bis auf Zehntelminuten die Zeit, wann die einzelnen Sterne erblickt werden. Mehrere Beobachter können so eine Jagd nach den ersten Sternen veranstalten. Indem man dann bei jedem Stern die zugehörige Sonnenhöhe berechnet, findet man die Veränderlichkeit der Dämmerung von Tag zu Tag. Dabei ist zu berücksichtigen, daß alle Sterne sich dem Ort der Sonne nach und nach nähern, also in immer hellere Gegenden des Himmels gelangen.

Man wird überrascht sein, wie schnell nach Sonnenuntergang die hellen Sterne auftauchen. Sterne erster Größe erscheinen im Frühling und Herbst, wenn sie in dem höchsten Punkt des Himmels, dem Zenit stehen, 10^m bis 20^m nach Sonnenuntergang. Allerdings ist um diese Zeit die Dämmerung am kürzesten.

Etwa 17^m nach Sonnenuntergang tritt das sog. Purpurlicht im Westen auf. Es erreicht nach etwa 10^m seinen größten Glanz, ist dann ein genauer Kreis, der auf einem hellen Streifen, dicht über dem Horizont, aufsitzt. Im Osten erhebt sich zugleich damit der dunkle Streifen des Erdschattens. Dem ersten Purpurlicht im Westen folgt in gleichem Zeitabstande etwa ein zweites sehr viel schwächeres, begleitet von dem zweiten hellen „Segment".

Hell leuchtende Staubwolken oder irisierende Nachtwolken zeichne man mit Zeitangabe in Sternkarten ein. (Sehr geeignet für alle solche Zwecke sind die Rohrbach=Karten, die auf einzelnen Blättern den ganzen Himmel enthalten. Sie muß eigentlich jeder besitzen, der sich mit Himmelsbeobachtungen beschäftigt. Sie dienen den verschiedensten Zwecken: Einzeichnen von Meteoren, Sternschnuppen, Kometenschweifen, Zodiakallicht u. a. m.) Endlich achte man besonders von August bis November und Januar bis Mai, vorzüglich in **nördlichen Gegenden** und in den Jahren 1928 bis 1932, d. h. um die Zeit starker Sonnentätigkeit, auf das Auftreten von Nordlichtern und zeichne mit **genauen Zeitangaben** in Sternkarten ein. Ein Nordlicht beginnt bald nach Sonnenuntergang — manchmal nach einer vorausgegangenen Rötung des nördlichen Himmels (wie ein Feuerschein) — mit dem Emporsteigen eines **silberweißen Bogens** am nördlichen Horizont (die Korona des Nordlichts). Von diesem Bogen schießen weiße Strahlen hoch, die manchmal zu wandern scheinen. Bei großen Nordlichtern vereinigen sie sich im Süden in einem hochgelegenen Punkte, der oft durch einen hellen Fleck ausgezeichnet ist. Die Farbe der Strahlen ist anzugeben, Ort und Zeit genau einzuzeichnen. Manchmal bilden sich tiefrote Flecken, die große Stellen des Himmels lange Zeit überdecken, so bei dem schönen Nordlicht im Februar 1907.

II. Die Zeit.

Allen astronomischen Beobachtungen liegt die Zeitmessung zugrunde Es ist deshalb geboten, daß wir uns gleich von vornherein mit der Zeitmessung beschäftigen, und es liegt nun einmal in der Natur der Messungen: sie haben nichts besonders Anziehendes in ihrem Wesen Das einzige, worauf sie mit Fug und Recht Anspruch machen, ist daß sie genau ausgeführt werden müssen. Wir werden also zufrieden sein müssen, einiges Interessante in der Methode zu finden, wie man mit den bescheidenen Hilfsmitteln, die man zur Verfügung hat, doch eine möglichst weitgehende Genauigkeit erreicht.

Wie mißt man eigentlich die Zeit? Jeder faßt unwillkürlich nach seiner Taschenuhr in der linken Westentasche; und doch ist die mit diesem Griff angedeutete Antwort nur naheliegend, aber nicht richtig. Hätte der Astronom nur Uhren, selbst zugegeben, daß es bessere sind als unsere Taschenuhren, so würde er niemals auch nur annähernd die Genauigkeit erreicht haben, die er heute erreichen muß. Aber die Natur selbst hat uns ein Hilfsmittel gegeben, eine Uhr von so riesiger

Genauigkeit, daß man an ihr seit hunderten von Jahren weder ein Vorgehen noch Zurückbleiben um den hundertsten Teil einer Sekunde bemerkt hat. Diese Uhr ist unsere alte Erde. Sie dreht sich um sich selbst mit absoluter Regelmäßigkeit, und das Schönste dabei ist, daß sie ja jedem kostenlos zur Verfügung steht.

In der Tat wird die Erde als Uhr auch von uns allen benutzt; denn wenn wir bei Sonnenaufgang sagen: es ist Morgen, bei Sonnenuntergang: es ist Abend, so ist das eben schon eine Zeitmessung mit Hilfe der Erddrehung, und es liegt nur an uns, daß die Resultate so roh sind. Einige Übung bringt uns übrigens sehr bald dahin, aus dem Sonnenstande die Zeit sehr viel genauer abzulesen, etwa bis auf eine Stunde genau. Landleute sind darin sehr erfahren. Aber auch das ist eine Bescheidenheit an der unrechten Stelle. Wir müssen also auf Hilfsmittel sinnen, die Erddrehung zu einer genauen Zeitmessung noch weiter auszunutzen.

Denken wir uns die Erde frei im Weltenraum sich drehend und an irgendeiner Stelle auf der Erde (nur nicht in Richtung der Achse) eine Spitze angebracht, dann wird diese Spitze nach einer Umdrehung immer wieder in derselben Richtung in den Weltenraum hinauszeigen. Und was wird sie dort treffen? Irgend einen Stern! Damit haben wir die Methode der Zeitmessung durch die Erddrehung. Wir legen also von unserem Beobachtungsort aus eine Richtung in den Weltenraum hinaus fest. Das ist nicht so schwer, wie es aussieht. Suchen wir uns z. B. ein Fenster unserer Wohnung, von dem aus wir ein hohes Gebäude erblicken, denken uns irgend einen hochgelegenen Punkt des Umrisses dieses Gebäudes verbunden mit irgendeinem z. B. durch einen Nagel festgelegten Punkt am Fenster, so haben wir eine solche Absehlinie in den Weltenraum hinaus. Mit einiger Übung können wir den Punkt am Gebäude abends so wählen, daß ein hellerer Stern dahinter gerade verschwindet, dann gibt dieser Moment des Verschwindens an, wann unsere Absehlinie auf den Stern zeigt. Wenn der Stern, von demselben Nagel am Fenster gesehen, am nächsten Abend wieder verschwindet, so hat die Erde eine Umdrehung vollendet. Damit haben wir eine Uhr, die uns alle Tage allerdings nur einen Schlag liefert, dafür ist dieser Schlag aber auch so scharf zu beobachten, wie man es nur irgend verlangen kann, mit unserer Methode z. B. bis auf wenige Sekunden genau. Damit wir an dieser Genauigkeit keine Einbuße erleiden, müssen wir verschiedene Vorsichtsmaßregeln beachten:

II. Die Zeit

Der beobachtete Stern darf seine Stellung im Weltenraum nicht verändern, darf also kein Wandelstern sein.

Die beiden Endpunkte der Absehlinie müssen fest liegen. Diese letzte Bedingung wird nur z. T. durch die feste Lage der beiden Endpunkte erfüllt, und das kommt folgendermaßen: Die Absehlinie führt allmählich aus der atmosphärischen Luft in den Weltenraum, und da sie ja den Weg des Lichts vom Stern zum Auge vorstellt, so unterliegt sie der atmosphärischen Brechung. Diese letzte aber ist an verschiedenen Tagen etwas verschieden, weil sie von Temperatur und Luftdruck abhängig ist. Die Folge ist, daß unsere Absehlinie bald etwas über, bald etwas unter unseren Stern zeigt, oder umgekehrt, daß der Stern nicht immer an derselben Stelle verschwindet. Dieser Übelstand gleicht sich aus, wenn die Stelle, an der der Stern verschwindet, nicht ein scharf markierter Punkt, sondern eine senkrecht zum Horizont verlaufende gerade Linie ist. Man wählt also am besten ziemlich weit entfernte senkrechte Wände, ein Kreuz auf einem Kirchturm, eine kräftige nicht schwankende Fahnenstange oder ähnliches aus. Schornsteine sind zu vermeiden, da sich an ihnen warme, aufsteigende Luftströme bilden, die ein unscharfes Verschwinden des Sternes hervorbringen müssen.

Doch nun zu einem Zahlenbeispiel. Unser Stern möge heute um 8 Uhr 24 Minuten 13 Sekunden (8^h 24^m 13^s) verschwunden sein, am nächsten Tage um 8^h 20^m 17^s, so würde man daraus den Schluß ziehen, daß die Uhr um 3^m 56^s zurückgeblieben ist. Am folgenden Tage verschwindet der Stern um 8^h 16^m 21^s, unsere Uhr ist also wieder um 3^m 56^s zurückgeblieben, da ja die Erde zu einer Umdrehung 24 Stunden braucht. Und so würde sich das Tag für Tag wiederholen. Das Auffallende aber wäre, daß unsere Uhr trotzdem mit der Turmuhr, mit der Schuluhr und anderen übereinstimmt, d. h. nicht zurückbliebe. Wo liegt die Lösung dieses Widerspruchs? Einfach darin, daß unsere Erde nicht 24 Stunden zu einer Umdrehung braucht, gemessen mit der Zeit, nach der unsere alltäglichen Uhren gehen. Die alltägliche Zeit nennen wir die mittlere Zeit (M. Z.), und in mittlerer Zeit braucht die Erde zu einer Umdrehung 23 Stunden 56 Minuten 4 Sekunden, d. h. 3^m 56^s weniger als 24 Stunden. Da wir aber zu astronomischen Zwecken die Erde als Uhr benutzen wollen, so nennen wir die Zeit der Umdrehung gleichfalls einen Tag, aber einen Sterntag; teilen den Sterntag gleichfalls in 24 Stunden zu je 60 Minuten, zu je 60 Sekunden, sprechen aber von Sternstunden usw. Dieses Zeitmaß nennen wir Sternzeit.

Wir wollen die gefundene Methode sofort benutzen, um einmal alle zu Gebote stehenden Uhren auf ihre Glaubwürdigkeit hin zu untersuchen, sagen wir eine Taschenuhr, eine Weckuhr nnd eine Wanduhr. Es wird sich zeigen, daß sie alle weit entfernt sind, eine genaue Zeit anzugeben. Abgesehen von den $3^m\ 56^s$, die ja jede gewöhnliche Uhr täglich gegen Sternzeit zurückbleibt, zeigten sich folgende Abweichungen:

Taschenuhr	Wecker	Regulator	Taschenuhr	Wecker	Regulator
$+\ 32^s$	$+\ 2^m\ 12^s$	$+\ 1^m\ 3^s$	$+\ 29^s$	$+\ 1^m\ 23^s$	$+\ 1^m\ 3^s$
$+\ 39^s$	$-\ 1^m\ 8^s$	$+\ 1^m\ 4^s$	$+\ 35^s$	$-\ 0^m\ 4^s$	$+\ 1^m\ 4^s$

Was wird man aus diesen Zahlen schließen? Welche der Uhren ist die beste? Nicht, wie es scheint, die Taschenuhr. Sie zeigt zwar nur $^1/_2$ Minute ungefähres Nachbleiben, während der Regulator um das Doppelte zurückbleibt, aber das tägliche Zurückbleiben ist bei ihr ein sehr verschiedenes, einmal 29^s, einmal 39^s. Das ist ein Fehler, der in der Uhr liegt und nicht zu verbessern ist. Man sagt, die Taschenuhr zeigt eine tägliche Gangdifferenz von 10^s, dagegen zeigt der Regulator nur eine tägliche Gangdifferenz von 1^s. Daß er um $1^m\ 3{,}5^s$ durchschnittlich täglich zurückbleibt, ist ein Fehler, der leicht behoben werden kann, man braucht nur sein Pendel zu verkürzen, und dann würde der Regulator einen bis auf $0{,}5^s$ genauen täglichen Gang haben. Würde man das Nachbleiben der Taschenuhr durch Stellen an dem bekannten Rucker aufheben, so würde doch die Taschenuhr um 5^s vor- oder nachgehen.

Nun erst gar der Wecker: er zeigt eine Gangdifferenz von $3^m\ 20^s$. Also geht daraus hervor, daß der Regulator die beste, der Wecker die schlechteste Uhr ist, daß man also bei Zeitbeobachtungen, die bis auf die Sekunde genau sein müssen, den Regulator benutzen muß, bei solchen, die nur eine Genauigkeit von 5 Sekunden brauchen, die Taschenuhr benutzen kann.

Zum Nachteil der gewöhnlichen Taschenuhr kommt noch etwas anderes hinzu. Sie geht innerhalb eines Tages ungenau, denn sie ist am Anfang des Tages völlig aufgezogen, am Ende fast völlig abgelaufen, wird also im Lauf des Tages starke Unterschiede im Gange zeigen müssen. Gewiß ist bei Chronometern diese Abnahme der treibenden Federkraft aufgehoben, bei unserem viel billigeren Regulator fehlt sie von vornherein; denn die treibende Kraft liefern bei ihm Gewichte. Wollen wir unsere Taschenuhr doch benutzen, um innerhalb des Tages Zeitbeobachtungen zu machen, so müssen wir diesen ihren Fehler auch noch bestimmen. Wir können das mit Hilfe des Regulators machen. Wir ziehen die Uhr vollkommen auf, stellen sie mit dem Regulator bis auf die Sekunde gleich und beobachten sie einen Tag lang etwa von Stunde zu Stunde. So ergibt sich eine Korrektionstabelle für die Taschenuhr, die man dann bei Beobachtungen anwendet, indem man die Taschenuhr immer zu bestimmter Zeit aufzieht.

Auch damit sind noch nicht alle Fehler der Taschenuhr vermieden, ein paar Kleinigkeiten sind noch nachzutragen. Die Teilung des Sekundenzifferblattes ist manchmal eine so schlechte, daß sich Fehler bis zu ganzen Sekunden beim Ablesen des Sekundenzeigers einschleichen. Man zählt am besten das Ticken der Uhr einmal den Sekundenzeiger herum und beobachtet, bei welchen Zahlen der Zeiger die 10, 20, 30, 40, 50 passiert. Da die Taschenuhr in einer Minute 300-mal tickt, so soll das bei dem 50., 100., 150. usw. Schlage der Fall sein. Der Minutenzeiger zeigt einen ähnlichen Fehler, der infolge schlechter Teilung und exzentrischer Achsenstellung der Zeiger auch nie ganz vermieden ist, sich aber nicht störend bemerkbar macht. Man wird den Minutenzeiger sehr bald so einstellen können, daß er ungefähr auf eine ganze Minute zeigt, wenn der Sekundenzeiger auf 60 steht. Man sieht, die Benutzung der Taschenuhr zu genauen Beobachtungen ist eine recht umständliche und erfordert große Mühe im Herstellen von Korrektionstabellen. Selbstverständlich ist eine gute Behandlung der Taschenuhr im allgemeinen von vornherein die erste Voraussetzung. Man hüte sie vor Stößen, am besten trägt man sie nicht in der Tasche herum, sondern bewahrt sie immer in derselben Lage auf.

Damit wären wir imstande, eine einmal erhaltene richtige Zeit festzuhalten. Wie wir diese richtige Zeit erhalten, das wird uns später beschäftigen.

Versuchen wir etwas Neues: Statt des Sterns, den wir von Tag zu Tag beobachteten und dessen Verschwinden uns eine genaue Zeitmarke gab, wollen wir einmal die Sonne wählen. Wir wollen uns lieber im voraus überlegen, ob das überhaupt möglich ist. Wir hatten als notwendigste Bedingung für die Wahl des Sterns erkannt, daß er seine Lage im Weltenraum nicht verändert, gesehen von der Erde aus. Das trifft für die Sonne in der Tat nicht mehr zu. Wir wissen ja, daß sich nach Kopernikus die Erde um die Sonne dreht, also zeigt die Verbindungslinie von der Erde nach der Sonne nach einem halben Umlauf nach der entgegengesetzten Richtung. Wir können ohne weiteres die Sonne also nicht zur Zeitbestimmung benutzen. Dazu kommt noch folgendes: Legen wir eine Richtung fest, die heute nach der Sonne zeigt, so wird diese nach einer Umdrehung der Erde nicht mehr genau auf die Sonne zeigen, wir würden also die Sonne nicht mehr an derselben Stelle verschwinden sehen. Im Sommer steht die Sonne hoch, im Winte steht sie tief; sie verschwindet also hinter unserer gewählten Stelle nicht wieder, selbst wenn sie einmal dahinter verschwunden ist. Um sie doch der Zeitbestimmung dienstbar zu machen, müssen wir uns ihren Lauf genauer ansehen. Sie geht des Morgens auf, erhebt sich über den Horizont und sinkt allmählich zum Horizonte nieder, genau wie jeder Stern in der Nacht. Dazwischen erreicht sie eine höchste Stelle. Wir nennen diesen Punkt ihren Kulminationspunkt und die Ebene, welche durch den Kulminationspunkt, den Mittelpunkt der Erde und den Beobachtungsort gelegt wird, den Meridian des Ortes, und diese Meridianebene ist es, die wir statt unserer festen Richtung benutzen können, um die Sonne zur Zeitbestimmung zu verwerten. Die Figur muß uns helfen. Der Pfeil sei die feste Richtung, die wir bei der Beobachtung des Sterns gewählt haben, er zeigt nach einer Umdrehung der Erde wieder auf den weitentfernten Stern. Die Meridianebene sei der zweigespitzte Pfeil, er zeigt in der ersten Stellung der Erde auf die Sonne, nach einer Umdrehung zeigt er dann noch nicht wieder auf die Sonne, da die Erde während ihrer Umdrehung ein Stück weiter gegangen ist. Es vergeht noch eine Zeit, bis der zweigespitzte Pfeil wieder auf die Sonne zeigt, d. h. die Zeit von einer Kulmination der Sonne bis zur andern, genannt ein Sonnentag, ist länger als die Umdrehungszeit der Erde, genannt ein Sterntag. Um wieviel der Sonnentag länger ist als der Sterntag, müssen wir nun praktisch messen.

Zunächst heißt es, wie bestimmen wir die Meridianebene? Zu dem Zweck müssen wir den Kulminationspunkt der Sonne bestimmen. Wenn die Sonne am höchsten steht, wird der Schatten, den ein senkrecht aufgestellter Stab wirft, am kürzesten sein. So kann man ungefähr die Richtung herausbekommen; das genügt für unsern Zweck. Weiter müssen wir der glückliche Besitzer eines Zimmers sein, dessen Fenster ungefähr nach dieser Richtung, die man Süden nennt, gehen.

Dann nehmen wir ein großes Stück Pappe, in dessen Mitte wir ein kreisrundes Loch von ungefähr 1 cm Durchmesser machen. Dies Stück Pappe befestigen wir so in dem geöffneten Fenster, daß durch das Loch die Sonne gegen die gegenüberliegende Wand scheinen kann. Dann sehen wir auf der Wand einen Fleck von kreisrunder Gestalt, der aber auffallenderweise sehr viel größer ist als unser Loch in der Pappe. Erinnern wir uns unserer physikalischen Kenntnisse von der camera obscura, so erkennen wir, daß der Fleck ein Bild der Sonne ist.

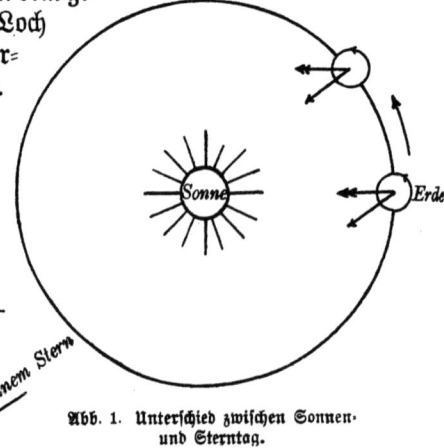

Abb. 1. Unterschied zwischen Sonnen- und Sterntag.

Hängen wir nun an der erwähnten Wand einen unten mit Blei beschwerten weißen Faden so auf, daß er mit dem Loch in der Öffnung möglichst in der Meridianebene hängt, so können wir den Durchgang der Sonne durch den Meridian gut beobachten. Verfolgen wir das Sonnenbildchen, so muß es, wenn es den Faden passiert, offenbar seinen tiefsten Stand haben; dann hängt der Faden richtig. Mit unserer besten Uhr wollen wir nun die Antritte des rechten und linken Randes der Sonne an den Faden feststellen. Die Uhr zeige

$$11^h\ 43^m\ 42^s \text{ und } 11^h\ 46^m\ 2^s,$$

dann ist der Mittelpunkt der Sonne in der Mitte zwischen diesen beiden Zeiten durch den Meridian gegangen, d. h. um $11^h\ 44^m\ 52^s$. Auf dieselbe Weise beobachten wir den Meridiandurchgang am nächsten Tage. Die Zeit, die dazwischen verflossen ist, gibt die Länge des wahren Sonnentages an. Machen wir diese Beobachtungen längere Zeit hindurch, indem wir unsere Uhr immer mit Hilfe eines Sterns auf ihren Gang kontrollieren, so finden wir, daß die einzelnen Sonnentage nicht gleich lang sind. Das ist das wichtigste Resultat der Sonnenbeobachtungen. Es ist der Ausdruck dafür, daß die Erde in ihrer Bahn nicht von Tag zu Tag denselben Winkel beschreibt, daß sie sich also nicht in einem Kreise bewegen kann, in dem sie ja nach den Regeln der Zentralbewegung mit gleichförmiger Geschwindigkeit laufen müßte. Für unsere Zeitmessung ergibt sich daraus die Folge, daß wir den sogenannten **mittleren Sonnentag** einführen müssen, der sich gleich bleibt zum Unterschied von dem wahren Sonnentag, der, wie wir gesehen haben, veränderlich ist. Die Länge des mittleren Sonnentages kann man also auf dem Wege der Beobachtung nicht feststellen, sondern nur durch graue Theorie. Nach Abb. 1 sieht man, daß nach genau einem Umlauf der Erde um die Sonne der einspitzige Pfeil einmal mehr nach dem Stern gezeigt hat, als der zweispitzige nach der Sonne, daß also eine Umlaufszeit der Erde einen Sterntag mehr enthält als Sonnentage. Wenn wir also die Zeit eines Umlaufs, die wir als bekannt vorausnehmen, gleich 365,2422 mittleren Sonnentagen rechnen, so sind 365,2422 mittlere Sonnentage gleich 366,2422 Sterntagen. Also ein mittlerer Sonnentag gleich

$$\frac{366{,}2422}{365{,}2422} \text{ Sterntage}$$

und ein Sterntag gleich

$$\frac{365{,}2422}{366{,}2422} \text{ mittlere Sonnentage.}$$

Den mittleren Sonnentag teilen wir wieder in 24 Stunden usw. und nennen die dadurch definierte Zeit **mittlere Zeit**. Obige Brüche geben die Umrechnungszahlen. Es ergibt sich, daß 24 Stunden Sternzeit gleich 24 mal $\frac{365{,}2422}{366{,}2422}$ mittlere Zeit sind, das ist $23^h 56^m 4^s{,}09$. Also ist der Sterntag um $3^m 55^s{,}91$ mittlere Zeit kürzer als der mittlere Sonnentag. Das sind die $3^m 56^s$, die uns die Beobachtung auf Seite 9 geliefert hatten. Unsere Uhren gehen also nach mittlerer Sonnenzeit.

Unsere Beobachtungen an der Sonne liefern uns, das sei festgehalten, stets nur die wahre Sonnenzeit. Viermal im Jahr fällt die mittlere und wahre Sonnenzeit zusammen. Viermal im Jahr muß also der Unterschied zwischen mittlerer und wahrer Sonnenzeit gleich 0 sein. Die obige Differenz mittlere Zeit minus wahre Zeit nennen wir die **Zeitgleichung**; sie muß viermal im Jahr also gleich 0 werden. Die Tafel auf Seite 32 gibt die Zeitgleichung für jeden Tag an; sie wird an Ort und Stelle erklärt.

Noch auf einem anderen Wege, der uns etwas Neues liefern wird, kann man die Sonne der Zeitbestimmung dienstbar machen. Bisher haben wir immer nur unsere Uhr kontrolliert, d. h. wenn sie einmal richtig ging, so haben wir mit Hilfe der Sterne und der Sonne dafür gesorgt, daß ihre Abweichungen von mittlerer Zeit uns bekannt sind. Jetzt ergibt sich die nächst höhere Aufgabe, eine absolute Zeitbestimmung zu machen, unsere Uhr erst einmal richtig zu stellen. Wir benutzen dazu unser Zimmer mit der Pappscheibe am Fenster und verfolgen unser Sonnenbildchen. Wir sehen es im Lauf des Vormittags fallen, im Lauf des Nachmittags wieder steigen, umgekehrt wie die Sonne draußen. Den Augenblick, in welchem die Sonne ihren höchsten Stand erreicht, nennen wir dann den wahren Mittag. Es ist in diesem Augenblick 12^h wahre Sonnenzeit, woraus sich durch Addition der Zeitgleichung die mittlere Sonnenzeit, d. h. die Zeit, die eine richtiggehende Uhr zeigen soll, ergibt. Wie aber bestimmen wir diesen Punkt an unserem Sonnenbildchen? Ungenau läßt er sich bestimmen, wenn man wirklich das Sonnenbild verfolgt; dadurch kann man vielleicht bis auf einige Minuten genau den Mittag angeben, genauer folgendermaßen: man zieht einen wagerechten Faden; das erreicht man am besten, indem man zunächst ein Senkel aufhängt und quer dazu dem Augenmaß nach zunächst einen Faden spannt. Durch Messen von Abständen kann man den zweiten Faden dann genau wagerecht bekommen. (Satz vom gleichschenkligen Dreieck.) Beobachtet man dann, wann der obere oder untere Rand der Sonne (aber jedesmal derselbe) den wagerechten Faden passiert, z. B. $11^h 32^m 10^s$ und $12^h 25^m 20^s$, so liegt der wahre Mittag genau in der Mitte, also $11^h 58^m 45^s$. War es am 1. Juli, so wird noch die Zeitgleichung $+ 3^m 26^s$ addiert, folgt also als mittlerer Mittag $12^h 2^m 11^s$. Die Uhr geht also um $2^m 11^s$ vor, oder die an allen Angaben der Uhr anzubringende Verbesserung (Korrektion) Δu ist gleich $- 2^m 11^s$. Natürlich wird die erste Bestimmung mißlingen oder wenigstens ungenau sein, aber mit einiger Übung erreicht man tatsächlich eine Genauigkeit von wenigen Sekunden, eine durchaus achtbare Leistung. Gutgehende Uhren der Bahn, der Post, in Hafenstädten der Zeitball sind geeignete Mittel, um die selbstgewonnenen Resultate nachzuprüfen.

Aber noch immer nicht zeigt unsere Uhr eine praktisch brauchbare Zeit, und das kommt so: Bewegt man sich auf der Erde von Osten nach Westen, so geht unsere Uhr, die wir am Anfang der Reise absolut richtig gestellt hatten, am Ende der Reise bedenklich vor, wenn wir

Wahrer Mittag, Länge

an dem westlich gelegenen Orte auch eine Bestimmnung des mittleren Mittags machen. Dieser Ort hat eben nicht zu gleicher Zeit mit unserem Ausgangspunkt Mittag. Den Unterschied im Eintreten des mittleren Mittags für zwei Orte der Erde nennt man ihre „Längendifferenz". Zwei Orte, die zu gleicher Zeit Mittag haben, haben danach keine Längendifferenz, sondern liegen auf einer und derselben Mittagslinie (Meridian). Danach ergibt sich, daß unsere oben mit so viel Mühe bestimmte Zeit nicht für die ganze Erde Geltung haben kann, sondern nur für einen Ort — oder besser gesagt, für alle Orte auf einem Meridian der Erde. Wir nennen daher diese Zeit „mittlere Ortszeit". Und in der Tat hatte man noch vor wenigen Jahrzehnten das Vergnügen, auf einer Reise in jedem Ort eine andere Zeit zu haben. Heute macht es nur noch der Astronom so, weil er die mittlere Ortszeit jeder Zeit gewissermaßen vom Himmel ablesen kann. Im bürgerlichen Leben hat man sich aber z. B. in ganz Mitteleuropa auf eine Zeit geeinigt, das ist die Zeit, die ein ganz bestimmter Meridian der Erde als Ortszeit hat, nämlich der sogenannte 15. Grad östlich von Greenwich. Dieser Grad geht in Deutschland ungefähr durch die Stadt Stargard in Pommern, wir haben daher bürgerlichen Mittag, d. h. in der Schule, Markt, Post, Bahn 12 Uhr, wenn in Stargard mittlerer Mittag ist. Alle Orte östlich von Stargard bekommen dadurch zu spät ihr Mittagessen, alle westlich zu früh! Dieser Unterschied macht in Deutschland eine ganz hübsche Zeit aus, nämlich nach beiden Seiten je eine halbe Stunde. Diese Differenz muß man nun noch finden; sie ist ja nach dem oben Gesagten der Längenunterschied Deines Heimatortes, lieber Leser, gegen den 15. Längengrad östlich von Greenwich, ausgedrückt in Zeit. Diesen Längenunterschied kann man — wenn man zufällig nach Stargard reist — direkt bestimmen; da dieser Fall aber selten eintritt, benützen wir entweder einen anderen Ort, dessen „Länge" bekannt ist — oder wir entnehmen ihn direkt einer guten Karte. Die großen Generalstabskarten geben ihn bis auf 1^s genau, sind aber wohl immer noch statt nach Greenwich als Null-Meridian mit einem Netz nach Ferro versehen. Auch aus jedem guten Atlas findet man bis auf $0^o,1$ genau die Längendifferenz. So findet man für Berlin $6^m 25^s$ westlich vom Stargarder Meridian: hat jemand den mittleren Mittag in Berlin bestimmt, so ist es nach der Stargarder Ortszeit schon $6^m 25^s$ mehr; die so erhaltene Zeit ist dann die in Mitteleuropa als bürgerliche Zeit angenommene, die sogenannte Mitteleuropäische Einheitszeit: M. E. Z.

Wir haben damit den ganzen Weg zurückgelegt, der bis zur Bestimmung der uns allen vertrauten M. E. Z. führt. Das Resultat soll sein, daß wir in jedem Augenblick, wenn wir unsere Uhr ablesen, um die Zeit eines Ereignisses festzulegen, imstande sind, alle Korrektionen an der Ablesung hinterher anzubringen. Dazu gehört, daß wir uns ein „Uhrjournal" anlegen und häufiger Zeit bestimmen. Richten wir uns also ein Schema ein, in das wir alle Beobachtungen eintragen. Ein Beispiel möge helfen:

Datum	Stand der Uhr	Beobachtetes Ereignis
21. Mai 1909	$8^h\ 10^m\ 12^s$	Verschwinden des Regulus
23. Mai „	$8^h\ \ 2^m\ 21^s$	„ „ „
27. Mai „	$7^h\ 46^m\ \ 0^s$	„ „ „
30. Mai „	$7^h\ 34^m\ 10^s$	„ „ „
31. Mai „	$12^h\ \ 4^m\ \ 2^s$	Meridiandurchgang der Sonne
1. Juni „	$12^h\ \ 4^m\ \ 0^s$	Meridiandurchgang der Sonne
3. Juni „	$7^h\ 18^m\ 24^s$	Verschwinden des Regulus
usw.		

Es stellt sich die Aufgabe, die Zeit, sagen wir eines hellen Meteors, zu bestimmen, das am 27. Mai nach unserer Uhr um $9^h\ 2^m\ 20^s$ abends zu sehen war! Aus unserem Uhrjournal folgt zunächst etwas über den Gang der benützten Uhr nach den Beobachtungen des Regulus. Man findet folgende Differenzen:

$$\begin{aligned}21.-23.\ \text{Mai:} &\quad 7^m\ 51^s \\ 23.-27.\ \text{Mai:} &\quad 16^m\ 21^s \\ 27.-30.\ \text{Mai:} &\quad 11^m\ 50^s \\ 30.-34.\ \text{Mai [d. h. 3. Juni]:} &\quad 15^m\ 46^s\end{aligned}$$

Diese Differenzen sollten aber nach Seite 13 für jeden Tag $3^m\ 55^s,91$ sein, also der Reihe nach richtig:

1) $7^m\ 51^s,8$ | 3) $11^m\ 47^s,7$
2) $15^m\ 43^s,6$ | 4) $15^m\ 43^s,6$

Die Differenzen stimmen gut bis auf die zweite. Würde es sich um einen Beobachtungsfehler handeln, so würde niemals nur eine Differenz verschlechtert werden, sondern offenbar immer zwei, nämlich die eine vergrößert, die andere ebensoviel verkleinert werden. Das ist hier nicht der Fall; also hat unsere Uhr in der Zeit vom 23. bis

27. Mai einen groben Fehler gemacht, wie sie ihn sonst nicht macht. Nach der Beobachtung vom 31. Mai ergibt sich, wenn man die Zeitgleichung gleich — $2^m\ 41^s$ ansetzt, ein Fehler im Stand der Uhr von $6^m\ 43^s$, also eine Korrektion $\triangle u$ gleich — $6^m\ 43^s$. Das gilt aber nur gerade für den Augenblick, in dem die Meridianbeobachtung der Sonne gemacht wurde. Aus den Differenzen ergibt sich, daß unsere Uhr vom 27.—30. Mai 2^s, vom 30.—34. Mai gleichfalls 2^s zurückgeblieben ist. Das tägliche Zurückbleiben betrug also vom 27.—30. Mai $0^s{,}7$, vom 30.—34. Mai $0^s{,}5$. Die Korrektion für den Gang ist also durchschnittlich δu gleich — $0^s{,}6$ für jeden Tag. Da nun am 31. Mai um 12^h unsere Uhr $6^m\ 43^s$ vorging, so muß sie am 27. Mai zur Zeit des Meteors $3{,}8$ mal $0^s{,}6$ weniger vorgegangen sein, also $1^m\ 23^s$. $\triangle u$ im Augenblick der Beobachtung des Meteors war also — $6^m\ 41^s$, oder die mittlere Ortszeit war $8^h\ 55^m\ 39^s$.

Die obige Tabelle ist so kompliziert, wie sie es in Wirklichkeit nie ist. Korrektionen in der Uhr bleiben sich immer ziemlich gleich und sind dann leichter in Rechnung zu ziehen.

Hast Du bis hierher folgen können, dann lege das Buch getrost beiseite, lieber Leser; denn Du hast das wichtigste Hilfsmittel der Himmelsbeobachtungen, die Uhr, damit auf dem Papier kennen gelernt. Versuche nun einmal die Anwendung, und führe erst einmal ein Uhrjournal einige Wochen, es gibt da des Bemerkenswerten genug zu sehen, und Du tust damit nur, was auf jeder Sternwarte gemacht werden muß. Versuche auch einmal, Deine Uhr zu prüfen, wie auf der Seewarte in Hamburg oder auf anderen Chronometer-Prüfungsstationen Uhren geprüft werden. Hat sich z. B. herausgestellt, daß der Gang Deiner Uhr ein bis auf 1^s gleichmäßiger ist, so prüfe die Uhr einmal in verschiedenen Stellungen, liegend, hängend, geneigt stehend oder, was schon schwerer ist, bei verschiedenen Temperaturen, und Du wirst sehen, wie stark sich der Gang dabei ändern kann, auch bei guten und sehr guten Uhren. —

In der sphärischen Trigonometrie erfährt man aus dem sogenannten nautischen Dreieck, Abb. 2, daß die Zeit vor oder nach dem wahren Mittag t mit der Sonnenhöhe h, der geographischen Breite φ des Beobachtungsortes und endlich der Deklination δ der Sonne zusammenhängt durch die Gleichung:

$$\cos 15\,t = \frac{\sin h - \sin \varphi \sin \delta}{\cos \varphi \cos \delta}.$$

II. Die Zeit

Wie könnten wir ohne Hilfsmittel die Sonnenhöhe messen? Zunächst denkt man an Schattenlängen, nicht wahr? Wirft ein Stab, der auf einer horizontalen Ebene senkrecht steht, einen Schatten, so ist das Verhältnis von Stab- zur Schattenlänge gleich tangens h, also h zu berechnen. Und so läßt es sich wirklich machen. Aber Schattenlängen sind leider nur ungenau zu bestimmen. Selbst wenn der Stab lang ist, z. B. eine Telegraphenstange, ist der Fehler der Messungen groß. Nehmen wir Schatten und Stab gleich 6 m lang an, so wird ein Messungsfehler von 10 cm in der Schattenlänge ergeben:

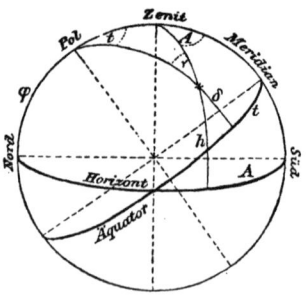

Abb. 2. Nautisches Dreieck.

$$\operatorname{tg} h = 600 : 610, \quad \text{also} \quad h = 44^\circ, 53..,$$

d. h. einen Fehler von fast einem halben Grad. Damit wird aber der Fehler in der Zeitbestimmung sehr viel größer als unsere oben beschriebene Art der Zeitbestimmung es zuläßt. Doch kommen wir sofort zu günstigeren Ergebnissen, wenn wir den Schatten durch eine genauere Vorrichtung, nämlich wieder durch ein Sonnenbild ersetzen. Wir denken uns oben an der Stange ein ziemlich großes Blech oder eine Pappe mit einem Loch; dieses Loch wirft ein Sonnenbild hell auf Schatten, das deutlich zu sehen ist. Die Katheten in dem rechtwinkligen Dreieck sind jetzt sehr viel genauer zu messen, sagen wir bis auf 1 cm. Dann ist der Fehler in h nur noch $1/20$ Grad oder 3'! Das käme schon eher an unsere frühere Genauigkeit heran. Aber leider, wirft man ein, dürfen und können wir 6 m hohe Telegraphenstangen nicht zu unseren astronomischen Beobachtungen verwerten. Dagegen legt erstmals der Herr Postdirektor, dann auch die Frau Mama wegen der für Hosen nicht vorteilhaften Kletterübungen ein Veto ein. Bleibt uns nichts weiter übrig, als statt der Stange wieder unser Zimmer zu benutzen, wo es nebenbei noch genauer geht. Wir haben ja schon ein Zimmer zur Zeitbestimmung als Camera obscura eingerichtet — haben wir ein anderes, das nach Westen liegt, so ziehen wir dahin um (Frühaufsteher können auch eins nach Osten wählen). Haben wir keins, so geht es auch in dem schon eingerichteten nach Süden; nur nach Norden — das dürfen wir von der Sonne nicht verlangen — gehts wirklich nicht.

Zeitbestimmung aus Sonnenhöhen

Es handelt sich also dann darum, für das kleine Bildchen zweierlei zu messen: erstens seinen senkrechten Abstand von der durch das Loch im Blech gelegten Horizontalebene, das entspricht der Länge der Stange; zweitens die Entfernung des Fußpunktes der ersten Entfernung vom Loch, das entspricht der Schattenlänge. Dabei ergibt sich sofort die Schwierigkeit der Bestimmung der Horizontalebene. Es läßt sich so machen, daß man ein Senkel von dem Loch herunterhängen läßt und untersucht, ob und wie weit die Decke und Diele des Zimmers von der Senkrechten zu unserem Senkel abstehen; im allgemeinen werden sie ziemlich horizontal sein. Dann kann man zu den Zimmerkanten auf der Hinterwand einen Faden parallel spannen, der genau in der Höhe des Loches im Blech verläuft. Diesen Faden brauchen wir, wenn das Sonnenbildchen auf die Hinterwand fällt. Fällt es auf die Diele, so brauchen wir nur ein für allemal die Höhe des Loches über der Diele zu messen. Jedenfalls ergibt sich so oder so die Sonnenhöhe aus der Gleichung

$$\operatorname{tg} h = \frac{l}{s}.$$

l und s werden sich bei einiger Sorgfalt bis auf 1 cm genau bestimmen lassen. Für den Winkel h ergibt sich also folgender mittlerer Fehler, wenn wir $l = 270$ cm konstant annehmen und s der Reihe nach gleich 200, 201, 300, 301 usw. setzen:

s	h	Fehler in h	s	h	Fehler in h
200 cm	53° 28′	} 8′	500 „	28° 22′	} 3′
201 „	53° 20′		501 „	28° 19′	
300 „	42° 59′	} 5′	600 „	24° 11′	} 2′
301 „	42° 54′		601 „	24° 13′	
400 „	34° 1′	} 4′			
401 „	33° 57′				

Die Abnahme des Fehlers ist leicht erklärlich und bedeutet in Wirklichkeit keinen Vorteil. Es ergibt sich aber eine völlige Brauchbarkeit der Methode! Denn eine Sonnenhöhe, die bis auf wenige Minuten genau ist, liefert eine Zeitbestimmnng, die auf wenige Sekunden genau ist.

II. Die Zeit

Die weitere Rechnung geht dann nach der Formel

$$\sin h = \sin \varphi \sin \delta + \cos \varphi \cdot \cos \delta \cdot \cos 15 t$$

oder

$$\cos 15 t = \frac{\sin h - \sin \varphi \sin \delta}{\cos \varphi \cos \delta}.$$

h ist die eben besprochene Höhe, φ die Breite des Beobachtungsortes (Seite 34), δ die Deklination der Sonne (Tabelle Seite 32), und t die noch um die Zeitgleichung zu verbessernde wahre Sonnenzeit. Als Beispiel nehmen wir an, wir hätten $\varphi = 54^0\ 18'\ 20''$, $\delta = 0^0\ 0'\ 0''$ und h gemessen $24^0\ 13'$ oder $24^0\ 15'$, dann folgt durch Berücksichtigung der atmosphärischen Brechung

$$h_1 = 24^0\ 11'$$
$$h_2 = 24_0\ 13'$$

$\log \sin h =$	9.61242	9.61298
$\log \cos \varphi =$	9.76601	9.76601
$\log \cos 15 t =$	9.84641	9.84697
$15 t =$	$45^0\ 24'.1$	$45^0\ 19'.8$
$=$	$45^0.402$	$45^0.330$
$t =$	$3^h.0268$	$3^h.0220$
$=$	$3^h\ 1^m.61$	$3^h\ 1^m.32.$

Der Fehler ergibt also in Zeit nur $0^m,29 = 17^s$.

Im Mittel wäre also $t = 3^h\ 1^m,47$ d. i. wahre Sonnenzeit vormittags $8^h\ 58^m,53$ oder nachmittags $3^h\ 1^m,47$. Die Zeitgleichung für den Tag und die Stunde der Beobachtung sei $+ 7^m,5$, dann ist die mittlere Ortszeit $9^h\ 6^m,0$ vormittags oder $3^h\ 9^m,0$ nachmittags. Ist die Beobachtung in Goldap gemacht, dessen Ortszeit $29^m,4$ größer ist als M. E. Z. (Seite 40), so folgt M. E. Z. $= 8^h\ 36^m,6$ oder $3^h\ 39^m,6$. Zeigt unsere Uhr also z. B. $3^h\ 37^m,4$, so ist der „Stand" der Uhr $\triangle u = + 2^m,2$, d. h. die Uhr ging $2^m,2$ nach.

Im allgemeinen wird die Rechnung etwas länger, da δ nicht gleich Null ist.

Wir werden nun mit Interesse an die höchsten Leistungen der Präzisionstechnik herangehen, die dem Astronomen zu Gebote stehen, wo wir von ihnen eine ungemessene Verfeinerung unserer rohen Methoden erwarten dürfen. Sehen wir uns den Sextanten zuerst an: er verdient schon durch sein Alter eine ehrfurchtsvolle Betrachtung, hat ihn doch Newton konstruiert. Der geistreiche Gedanke, der ihm zu Grunde liegt, ist der, durch ein Fernrohr zwei Gegenstände gleichzeitig zu sehen, das eine direkt, das andere in einem vor dem Objektiv angebrachten Spiegel, der die Hälfte des Objektivs verdeckt. Praktisch gewinnt der Apparat folgende Form: ein Fernrohr sieht durch einen festen Spiegel, der zur Hälfte durchsichtig ist, nach einem Punkt A, zur anderen Hälfte durch den halbbelegten festen Spiegel nach einem beweglichen zweiten Spiegel. Stehen die Spiegel parallel, so sieht das Fernrohr durch die Spiegel denselben Gegenstand A wie direkt; dreht man aber den beweglichen Spiegel um 45°, so sieht man statt A durch die Spiegel einen Ort, der um 90° (Reflexionsgesetz!) von A absteht, außerdem direkt immer noch A. Der bewegliche Spiegel ist nun mit einem Arm (Alhidade) versehen, mit Hilfe dessen man auf einer Kreisteilung (Limbus) den Winkel der Drehung ablesen kann. Da dieser zu verdoppeln ist, so ist schon immer die doppelte Zahl herangeschrieben. Ich möchte einen

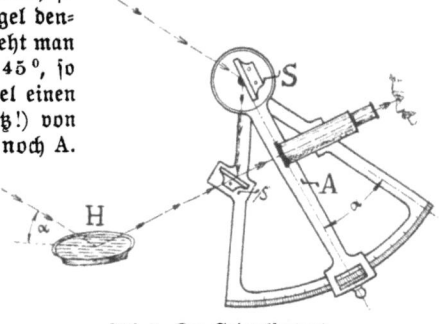

Abb. 3. Der Spiegelsextant.

alten Irrtum hier beseitigen: man glaubt nämlich zunächst, weil vom Orte A nur Licht in den oberen Teil des Fernrohrs gelangt, könne das Bild von A im Fernrohr auch nur den oberen Teil des Gesichtsfeldes einnehmen. Dem ist nicht so, aus dem einfachen Grunde, weil eine Linse immer volle Bilder entwirft, auch wenn die untere Hälfte abgeblendet wird. Das direkt gesehene Bild und das durch die Spiegel hineingeworfene überdecken sich also gegenseitig, etwa wie wenn man aus Versehen auf eine Platte zwei Aufnahmen photographiert hat. Man kann dann durch Drehen an der Alhidade die beiden Punkte, deren Winkelabstand man bestimmen will, zur Deckung bringen.

Der große Vorteil des Sextanten besteht darin, daß er keine feste Aufstellung braucht, auch für die Messung von Höhen nicht! Jedes andere Winkelmeßinstrument muß zu diesem Zwecke erst horizontal gestellt werden. Der Sextant nicht. Man nimmt nämlich zum Messen von Höhen einen sogenannten künstlichen Horizont zu Hilfe, eine Schale mit Quecksilber, die dachförmig mit Glas bedeckt ist, damit der Wind die Ebene der Oberfläche nicht stört. In diesem Horizont, der gut spiegelt und genau wagerecht steht, sieht man ein Bild der Sonne. Bringt man dies im Sextanten mit dem Bilde der wirklichen Sonne zur Deckung, so gibt der Limbus die doppelte Sonnenhöhe an; man hat gratis damit eine Herabsetzung des Fehlers der Messung auf die Hälfte.

Das Universalinstrument, vom Feldmesser Teodolit, vom Astronomen Altazimut genannt, dient zum Messen horizontaler (azimutaler) und senkrechter (altus!) Winkel. Es hat 2 volle Kreisteilungen, von denen die eine horizontal, die andere vertikal drehbar ist. Libellen stellen das Instrument wagerecht und stellen die genau horizontale Lage des zum Einstellen mit einem Fadenkreuz versehenen Fernrohres fest. Arbeiten mit dem Instrument sind wegen der vielen Fehler, die man zunächst zu verbessern hat, umständlich, aber sehr genau. Vor dem Sextanten hat es einen Vorteil: man kann bei jedem Kreis zwei Alhibaden anbringen, die einander genau gegenüberstehen. Jede Ablesung ist dann das Mittel aus zwei Ablesungen, die sich um genau 180° unterscheiden — wenn der Mittelpunkt der Kreisteilung genau mit dem Mittelpunkt der Achse, auf der sie sich dreht, zusammenfällt. Dies ist aber niemals genau der Fall; dann bildet die Alhibade eine exzentrische Sehne und liefert zwei Ablesungen, die sich um nicht genau 180° unterscheiden; ihr Mittel ist dann die richtige Ablesung. Zwei Alhibaden vermeiden also den „Exzentrizitätsfehler". Da aber der Sextant nur den 6. Teil eines Kreises enthält, — er würde sonst zu groß und auch nicht zu billig werden — so ist nur eine Alhibade möglich. Beim Sextanten muß der Exzentrizitätsfehler mithin anderweitig bestimmt und in Rechnung gezogen werden.

Mit dem Teodoliten haben nun die großen astronomischen Meßwerkzeuge gewisse Ähnlichkeit. Sie haben ein um eine horizontale Achse drehbares Fernrohr, dessen Drehungen an einem großen, äußerst genau geteilten und — teuren Kreise gemessen werden können. Je nachdem die Drehungsebene des Fernrohrs der Meridian oder der dazu senkrechte 1. Vertikal ist, heißt das Instrument Meridian- oder Vertikalkreis. Der gemeinsame Name ist Passageninstrument, weil man die Durchgänge von Sternen im Fernrohr vor vielen Fäden damit bestimmt. In beiden Fällen gehört eine gute Uhr zum Messen dazu.

Die Hauptfeinheit der Passageninstrumente sind die Teilkreise, die oft einen Durchmesser von 1 m erreichen. Die Alhibaden sind dementsprechend stets durch Mikroskope abzulesen. Die Libellen erreichen riesige Größe und Feinheit. Die genaue horizontale Lage der Achse wird durch Umlegen in den Lagern festgestellt und verbessert. Statt die horizontale Lage des Fernrohrs als Nullpunkt zu nehmen, wählt man die vertikale und zwar stellt man sie fest, indem man das Fernrohr senkrecht nach unten richtet und mit ihm in einen Quecksilberspiegel blickt (Natürlich flüssiges Quecksilber ist gemeint). Dann sieht man im Okular von den (eventuell beleuchteten) Fäden ein durch den Spiegel zurückgeworfenes Bild. Stellt man das Fernrohr so, daß die Fäden mit ihrem Bild zusammenfallen, so steht das Fernrohr senkrecht. Die Teilung soll dann auf 90° zeigen. Weiter schwierig ist die genaue Einstellung des Fernrohrs in den Meridian, doch würde uns deren Besprechung zu weit führen. Die Genauigkeit des Instruments geht bei Winkelmessern bis auf 0",1! Mit solchen Instrumenten sind der Astronomie nicht nur die genauen Zeitbestimmungen, sondern, wie wir später sehen werden, Ortsbestimmungen am Himmel und auf der Erde möglich, deren Genauigkeit die Hauptbedingung für die Bahnberechnungen bildet, Bahnberechnungen nicht nur der Planeten und Kometen, sondern auch der Bewegungen der Fixsterne.

Alle Instrumente liefern aber die Zeit nur auf Grund einer mehr oder minder langen Rechnung, die nicht jedermanns Sache ist. Gibt es nicht Instrumente, die die Zeit ganz einfach abzulesen gestatten, wo man keine Winkel zu messen braucht und ohne Logarithmen und Kosinus zum Ziele kommt? O ja, nur muß der, der sie benutzt, von ihnen nicht die Genauigkeit verlangen, die die besprochenen Metho-

Sonnenuhren

den und Instrumente liefern. Von vornherein ist es uns klar, daß sie uns nur wahre Sonnenzeit liefern werden, auch nur Ortszeit. Die Instrumente führen den Namen Sonnenuhren und sind seit dem Altertum bekannt. Die alten Inder und Ägypter bauten in der Meridianrichtung hohe Mauern, die nach Norden steil abfielen, aus der Lage des Schattens lasen sie die Zeit ab. Die Obelisken dienten wahrscheinlich ähnlichen Zwecken.

Doch wie kommen wir zu einer Sonnenuhr? Die einfachste Konstruktion ist der senkrechte Stab auf horizontaler Fläche. Ist der Schatten des Stabes am kürzesten, so ist es Mittag. Die Schattenrichtung zeigt dann genau nach Norden. Zu einer andern Zeit bildet sie einen Winkel mit dieser Nordrichtung, der ein Maß der Zeit ist. Leider verläuft er nicht proportional der Zeit. Die Größe dieses Winkels läßt sich aber für jeden Ort mit einer Breite φ als abhängig vom Stundenwinkel berechnen. Denn dieser Winkel ist ja weiter nichts als das „Azimut" der Sonne, d. h. die „Himmelsrichtung", gemessen vom Südpunkte des Horizontes ab nach beiden Seiten bis 180° zum Nordpunkt. Im nautischen Dreieck sind nämlich die drei Seiten gleich $(90° - h)$, $(90° - \varphi)$ und $(90° - \delta)$ und die ihnen gegenüberliegenden Winkel sind t, γ und $(180° - A)$, wenn h Höhe der Sonne, φ Breite des Ortes, δ Deklination, t Stundenwinkel, γ der parallaktische Winkel und A das Azimut der Sonne ist. Die sphärische Trigonometrie lehrt dann die Beziehung

$$\operatorname{ctg}(90° - \delta) \sin(90° - \varphi) = \operatorname{ctg}(180° - A) \sin t + \cos(90° - \varphi) \cos t.$$

Nach dieser Formel folgt, daß t aus φ, A und δ zu berechnen ist. Wir wollten aber ja gerade ohne Rechnung die wahre Zeit wenigstens haben. Es stellt sich daher die Aufgabe, aus t, φ und δ den Winkel A zu konstruieren. Zunächst ergibt die obige Formel

$$\operatorname{tg} \delta \cos \varphi = \sin \varphi \cos t - \operatorname{ctg} A \sin t$$

$$-\operatorname{ctg} A = \frac{\operatorname{tg} \delta \cos \varphi}{\sin t} - \sin \varphi \operatorname{ctg} t$$

$$\operatorname{ctg} A = \sin \varphi \operatorname{ctg} t - \frac{\operatorname{tg} \delta \cos \varphi}{\sin t}.$$

Hierin geht der Winkel δ ein, der nicht ohne weiteres bekannt ist, auch nicht aus der Beobachtung direkt zu entnehmen ist. Es ist also

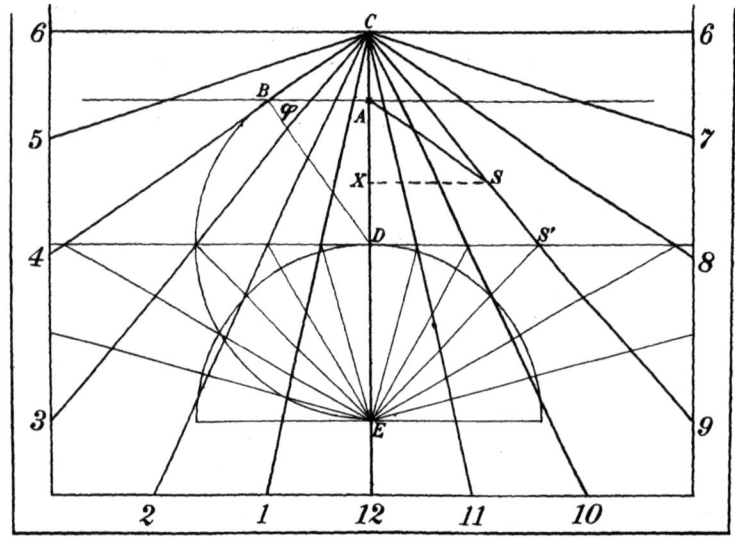

Abb. 4. Sonnenuhr.

ersichtlich, daß die letzte Gleichung gut zur Berechnung von A aus t taugt, aber nicht zu unserem Zweck; wir haben sie aber aufgestellt, weil man sie auch zur Zeitbestimmung benutzen kann, wenn man z. B. den Zeitpunkt bestimmt, wann die Sonne senkrecht über einem weitentfernten Ort steht, dessen Himmelsrichtung aus einer guten Karte mit dem Transporteur abgelesen oder berechnet wird.

Die sphärische Trigonometrie lehrt ferner aus dem **nautischen Dreieck Pol, Zenit, Sonne** die Beziehung (vgl. Abb. 2, S. 18)

$$\operatorname{ctg}(90^\circ - h) \cdot \sin(90^\circ - \varphi) = \operatorname{ctg} t \cdot \sin(180^\circ - A) + \cos(90^\circ - \varphi) \cdot \cos(180^\circ - A),$$

da ja Winkel PZS $= 180^\circ - A$ Seite ZP $= 90^\circ - \varphi$

Winkel ZPS $= t$ Seite ZS $= 90^\circ - h$ ist.

Die obige Beziehung ergibt dann

$$\operatorname{tg} h \cdot \cos \varphi = \operatorname{ctg} t \sin A - \sin \varphi \cos A.$$

Diese Gleichung liegt der Konstruktion der Horizontalsonnenuhr zugrunde (Abb. 4).

Wir bauen sie uns folgendermaßen: auf einem großen und glatten

Bau einer Sonnenuhr

Bogen, den wir uns feucht auf ein gut behobeltes Brett aufgeleimt haben (dem Leim etwas Kaliumbichromat zusetzen!), ziehen wir eine senkrechte Linie, die der Mittagslinie entsprechen soll. Auf ihr nehmen wir den Punkt A an und errichten das Lot AB gleich der Länge des Stabes, den wir benutzen wollen. An BA tragen wir im Punkte B nach unten den Winkel der geographischen Breite φ, nach oben ($90^0 - \varphi$) an. Die beiden Schenkel schneiden die Mittagslinie oben in C, unten in D. Ein Kreis um D mit DB nach unten schneidet die Mittagslinie im Punkte E. Ein Kreis um E mit ED wird dann von 15^0 zu 15^0 in „Stunden" eingeteilt, wenn man eine große Sonnenuhr hat, noch genauer etwa jede Stunde in 6 gleiche Teile jeder gleich 10^m. Die Radien schneiden ein Lot auf der Mittagslinie durch D in den Punkten 12^h, 11^h, 10^h usw., die mit C zu verbinden sind und die Stundenlinien heißen. Stellt man nun den Zeiger lotrecht im Punkte A auf, die Fläche wagerecht und richtet die Mittagslinie genau nach Nord-Süd, so zeigt der Endpunkt des Zeigerschattens die wahre Zeit an. Zum Schluß hat man nur die Zeitgleichung zu addieren und, wenn man M. E. Z. haben will, die Zeitdifferenz gegen den 15. Längengrad östlich von Greenwich westlich zu addieren, östlich zu subtrahieren.

Während die mittlere Zeit sich nach der Sonne richtet und mit 0^h der Tag beginnt, wenn die mittlere Sonne durch den Meridian geht, richtet sich die Sternzeit nach der Umdrehungszeit der Sterne und beginnt mit 0^h, wenn der Hauptpunkt des Sternhimmels, der Frühlingspunkt, kulminiert. Die Sternzeit ist dann einfach gleich der Zeit, die verflossen ist, seit der Frühlingspunkt kulminiert hat. Dann steht aber zu gleicher Sternzeit immer der gleiche Stern im Meridian. Mithin kann man die Sternzeit direkt vom Himmel ablesen. Die Sternzeit, zu der ein Stern kulminiert, heißt seine Rektaszension und ist in der Tafel S. 76 angegeben. Kulminiert also der Stern Sirius (Nr. 52), so ist es stets $6^h\ 40^m\ 45^s$ Sternzeit. Man begreift, warum der Astronom seine Uhren nach Sternzeit stellt. Aus der Sternzeit folgt die mittlere Zeit, wenn man die Rektaszension der mittleren Sonne, d. i. die Sternzeit im mittleren Mittag, kennt. Diese ist aus der Tafel S. 32 zu finden.

III. Die Zeitrechnung.
Tag, Monat, Jahr, Kalender.

Bisher haben wir unseren Blick nur auf die Messung kleiner Zeitabschnitte, nämlich auf die Einteilung eines Tages in möglichst kleine und unter sich gleiche Zeiten gerichtet. Das ist aber nicht die einzige Aufgabe, die sich uns stellt. Bei einem Rückblick in die ferner liegende Vergangenheit tritt an uns der Wunsch heran, die seit einem Ereignis vergangene Zeit in größeren Einheiten als in Stunden zu messen. Als nächst größeres Maß bietet sich uns der Tag an, und er wird im bürgerlichen Leben als Maß der Zeit benutzt: gestern, vorgestern, vor 8 Tagen, vor vierzehn Tagen sind so entstandene Ausdrücke; allerdings spielt bei den beiden letzten schon eine wieder höhere Einheit, die Woche, hinein. Die Anzahl der Tage erreicht bald eine Größe, die der Anschaulichkeit ein Ende macht. Der Mensch hat in früheren Zeiten dann offenbar nach der Zahl der Finger an beiden Händen 10 Tage zu einer Woche zusammengefaßt; auch nach der Zahl der Finger und Zehen zu 20 Tagen gerechnete Wochen treffen wir bei den alten Völkern an. Von Babylon breitete sich dann die 7 tägige Woche, deren Tage den 7 Planeten entsprechen, sehr rasch aus und beherrscht heute diesen Teil der Zeitrechnung, ohne eine andere als untergeordnete Bedeutung. Denn der Mensch, der den Tag als einfachstes Zeitmaß vom Himmel entnommen hatte, kam sehr bald auf den Gedanken, auch die höhere Einheit vom Himmel abzulesen. Es ist ein schlechtes Zeichen für die Zählkunst der Völker, daß sie nicht alle sofort als die gegebene höhere Einheit das Jahr erkannten, das einen ähnlichen einschneidenden Wechsel wie Tag und Nacht hervorbringt: die Jahreszeiten. Tatsächlich jedoch haben sich die Mehrzahl der alten Völker nach dem Lauf des Mondes gerichtet und haben so eine Einheit geschaffen, die sie dann später erst auf die höhere Einheit, das Jahr, geführt hat. Wenn z. B. die Tage nach den Fingern, oder durch Einschneiden von Runen in einen Stab, oder durch Aufschichten von Steinhaufen gezählt wurden, so erkannte man bald, daß das zweite große Gestirn des Himmels, der Mond, eine Veränderung zeigte, die sich in regelmäßigen Pausen wiederholte. Er tauchte als schmale Sichel im Westen nach Sonnenuntergang auf, ging von Tag zu Tag später unter, nahm eine andere Gestalt an, bis zur vollen Scheibe, und so fort, bis sich nach etwa 30 Tagen das Spiel mit dem Auftauchen der Sichel im Westen erneute. Dieser Tag war bei den Römern noch der Anfang des Monats, er wurde öffentlich ausgerufen, caleo, daher noch das Wort Kalender. Die ungefähre Monatslänge von 30 Tagen schien auch zu der Länge der Woche zu 10 Tagen zu passen. Mit Hilfe der Monate übersah man auch längere Zeiträume. Es ist bekannt, daß im Alten Testament Monate, Mondjahre gemeint sind, wenn das Alter von Menschen angegeben wird. Immerhin ist es anerkennenswert, daß man dann aufbauend auf der Monatzählung bei einzelnen Völkern schon früh die Länge des Jahres als nächsthöhere Einheit erkannte. Natürlich war es ein ackerbautreibendes Volk, das die regelmäßig wiederkehrende Zeit der Saat bald als große Periode begriff. Es waren die Ägypter, die die Frühlingsüberschwemmungen des Nils wohl auf den Gedanken der Einheit des Jahres gebracht haben. Wann sie es entdeckt haben, steht nicht fest, doch ist sicher, daß sie die Jahreslänge $365\frac{1}{4}$ Tage rechneten, also sie mit einer großen Genauigkeit kannten. Dies ist aber nur auf Grund langer Beobachtung zu erreichen. Solange müssen also die Ägypter bereits sich mit Himmelsbeobachtungen abgegeben haben.

Doch wollen wir jetzt an eine Bestimmung der Zeiten herangehen, die bei diesen Fragen in Betracht kommen, um dann historisch zu verfolgen, wie man mit sich steigernder Beobachtungskunst die heutigen Resultate in langsamem Ringen erreicht hat und wie eigentlich mit jeder neuen Bestimmung eine Verbesserung des Kalenders Hand in Hand ging.

Die Mondumlaufszeit ist wohl zuerst an der Zahl der Tage vom Erscheinen der ersten Sichel im Westen bis zum nächsten Erscheinen bestimmt. So haben die babylonischen Priester von der Höhe der Tempel nach Westen geschaut nach dem neuen Mond — so haben es die Römer getan. Noch heute hält sich ja im Volke die Überzeugung, daß ein Wunsch beim ersten Erblicken der Mondsichel sich erfülle, oder das erste Erscheinen Lunas ist mit anderen alten Gebräuchen verbunden. Man findet angenähert, daß nach $29^d \, 12^h$ die Mondsichel wieder sichtbar wird.

Wie bestimmen wir denn in der Astronomie diese Periode? Zunächst müssen wir sie da noch etwas genauer definieren. Wir wollen die „synodische Umlaufszeit" des Mondes die Zeit von einem Vollmond bis zum nächstfolgenden nennen. Dann ergibt sich aus der Anschauung, daß Sonne, Erde, Mond einander gegenüberstehen. Wir brauchen also nur die Kulminationszeit des Mondes zu bestimmen. Der Vollmond kulminiert um 12^h nachts wahrer Ortszeit. Aus 2 Beobachtungen an 2 aufeinander folgenden Tagen folgt die Zeit des Vollmonds.

So ist es auch mit der Bestimmung der Jahreslänge. Die von den alten Völkern angewandte Methode ist ähnlich der des Erwartens der jungen Mondsichel. Denn die Sonne wandert unter den Fixsternen im Laufe eines Jahres weiter, es kommen also am Morgenhimmel immer neue Sterne von Tag zu Tag aus den Strahlen der Sonne heraus, von der Sonne freigelassen. Diese heute den meisten Menschen unbekannte Tatsache war den alten Ägyptern längst vertraut: sie erwarteten also das Erscheinen des hellsten aller Sterne, des Sirius, am Morgenhimmel vor der Sonne. Und so können auch wir es machen, indem wir im August den Tag feststellen, wann Sirius am Morgenhimmel sichtbar wird.

Wir können besser den scheinbaren Lauf der Sonne verfolgen und in unserer Kamera obskura die Zeit feststellen, die zwischen zwei tiefsten Sonnenständen am Mittag vergeht. Die Methode ist schon etwas genauer. Noch genauer, wenn wir nicht den tiefsten, sondern einen mittleren Sonnenstand markieren und beobachten, wann ihn die Sonne wieder erreicht. Dies geschieht zweimal im Jahr. Wenn wir die Messungen genau machen, werden wir schon bei der ersten Wiederholung nach einem Jahr sehen, daß die Sonne nicht nach einer **ganzen** Anzahl von Tagen denselben Stand erreicht. Haben wir z. B. am 21. März 1919 vormittags den oberen und unteren Sonnenrand markiert, so erreicht die Sonne denselben Stand noch nicht ganz am 21. März 1920, während sie am 22. März 1920 schon darüber hinausgeschritten ist. Interpolation ergibt den Bruchteil des Tages, den die Jahreslänge über 365 Tage währt. Wir werden bis auf wenige Stunden so die Jahreslänge genau erhalten. Der genaue Wert ist $365,^d 2422$; dieser würde sich aber auf unsere einfache Weise nur durch jahrelang fortgesetzte Beobachtungen erreichen lassen.

Sehen wir nun einmal zu, wie lang die alten Völker das Mondjahr bzw. Sonnenjahr ansetzten. Zunächst zählte man 12 Monate zu je 30 Tagen gleich einem Sonnenjahr: das Sonnenjahr also 5 Tage zu kurz. Diese Differenz muß sich schon in kurzer Zeit fühlbar gemacht haben; eine altägyptische Mythe erzählt, daß die Mondgöttin an den Sonnengott 5 Tage im Brettspiel verloren hätte und spielt damit offenbar auf diese Differenz von 5 Tagen an. Man kam nun der wahren Größe des Mondjahres etwas näher, als man die Monate verschieden lang annahm, nämlich 6 volle Monate zu 30 Tagen und 6 leere Monate zu 29 Tagen. Damit ist das Mondjahr 29 Tage 12 Stunden lang gezählt; es folgt aber das Sonnenjahr zu 354 Tagen, noch fehlerhafter als vorher. Diese Zeitrechnung war zur Zeit Homers etwa 1000—850 v. Chr. im Gebrauch. Zur Zeit Solons wurde dann ein neuer Kalender eingeführt, der nach 2 Jahren 1 vollen Monat einschaltete. Das Mondjahr war damit zu 29,52 Tagen schon recht genau festgestellt, 2 Sonnenjahre aber waren gleich 738 Tagen, ein Jahr also 369 Tage zählend angesetzt! Dieser Kalender wurde 540 v. Chr. durch ein erweitertes Schaltverfahren, die Oktaëteris, ersetzt. Danach wurden in jedem 3., 5. und 8. Jahre je 1 voller Monat eingeschaltet. Rechnet man danach die Jahreslängen heraus, so findet man 29,515 und 365,25 Tage, also schon eine ziemliche Übereinstimmung mit den heute bestimmten Umlaufszeiten. Die letzte Verbesserung brachte endlich Meton 432 v. Chr., der einen Zyklus von 19 Jahren annahm und gleich 235 Monaten setzte, mit 7 Schaltmonaten im 3., 5., 8., 11., 13., 15. und 17. Jahre. Damit war die Länge des Sonnenjahres wieder etwas verschlechtert: 365,26 Tage ist es angenommen, aber die Umlaufszeit des Mondes findet man hieraus zu 29,53 statt 29,5306! Die Zahl, die die Stellung des Jahres in diesem 19jährigen Zyklus des Meton angibt, ist die noch heute bei der Bestimmung der beweglichen Feste des Kirchenjahres benutzte „güldene Zahl".

Die Ägypter zählten nach Sonnenjahren und zwar schon früh zu 365 Tagen. Doch war ihnen bekannt, daß diese Jahreslänge nicht der Wirklichkeit entspreche, sondern daß nach 4 Jahren das Erscheinen des Sirius in der Morgendämmerung um einen Tag zurückbleibt, daß also nach $4 \times 365 = 1460$ Jahren das Erscheinen des Sirius auf jeden Tag des Jahres (zu 365 Tagen gerechnet!) gefallen sein müßte. Die große Periode von 1460 Jahren war den Ägyptern also bekannt, sie nannten sie Sothis, sie kannten also die Jahreslänge zu 365,25 Tagen.

Diese Jahreslänge ist von Julius Cäsar seiner Kalenderreform zugrunde gelegt, bei der auf 3 Jahre mit 365 Tagen ein Schaltjahr mit 366 Tagen folgt. Die Differenz gegen das wahre Sonnenjahr beträgt dann noch 365,25 — 365,2422 = 0,0078 Tage. Diese Differenz hat dann der Papst Gregor XIII. entfernt, da sie sich mit 10 Tagen schon deutlich fühlbar zu machen begann, indem er bestimmte, daß in 400 Jahren 3 Schalttage wegbleiben sollten, die nämlich nicht durch 400 ohne Rest teilbar seien, und indem er auf den 4. Oktober 1582 durch päpstliche Bulle den 15. Oktober 1582 folgen ließ. Auf 400 Jahre fallen also 3 Tage fort, auf 1 Jahr also 0,0075 Tage. Das hebt obigen Fehler also ziemlich gut auf. Nur in der griechisch-katholischen Kirche zählt man noch heute nach „altem Stil", d. h. nach dem „julianischen Kalender", eine große Ironie des Schicksals; denn man weiß, daß gerade von griechischen Mathematikern schon lange eine Reform des Kalenderwesens in gregorianischem Sinne geplant war, wie ja überhaupt die Griechen die Römer frühzeitig durch eine geordnete Zeitrechnung überholt haben. Die Römer rechneten nämlich zunächst nach dem Jahr der Albaner, das 10 Monate mit 304 Tagen zählte. Im Jahre 717 v. Chr. führte dann Numa, wie z. B. Livius erzählt, ein Jahr von 12 Monaten mit 355 Tagen ein. Dazu sollte alle 2 Jahr nach dem 23. Februar ein Schaltmonat, Mercedonius von abwechselnd 22 und 23 Tagen, eingefügt werden. Es waren also 4 Jahre gleich $4 \times 355 + 22 + 23 = 1465$ Tagen, also ein Jahr gleich $366\frac{1}{4}$ Tagen. So war man im Jahre 47 v. Chr. auf eine Differenz von 67 Tagen mit dem wahren Jahre gekommen, als Cäsar, unterstützt von Sosigenes aus Alexandrien und Skriba M. Flavius, seine einschneidende und gute Reform einführte, indem er dem Jahre 708 ab urbe condita, d. h. 46 v. Chr., das schon einen Mercedonius hatte, in 2 Monaten 67 Tage zulegte. Dieses längste aller Jahre zählte mithin 445 Tage. Übrigens hatte der julianische Kalender in Deutschland zum Teil bis zum Jahre 1700 Geltung, da sich die Protestanten nicht an die gregorianische Reform angeschlossen hatten. Das protestantische Deutschland ließ dann auf den 18. Februar 1700 den 1. März 1700 folgen und glich damit die entstandene Differenz aus.

Tafel der Sonnenorte.

Die folgende Tafel gibt in Zwischenräumen von 5 Tagen die Stellung der Sonne an. Die erste Spalte gibt des Datum, die zweite die Größe der Zeitgleichung, d. h. den Unterschied Mittlere Zeit minus Wahre Zeit. In den beiden folgenden Spalten folgt die häufig zu gebrauchende Rektaszension und die Deklination der Sonne. Die letzte gibt den scheinbaren Halbmesser der Sonne an.

Die Tafel wird gebraucht: zu Bestimmungen der Zeit aus Sonnenhöhen, wo man die **Deklination** δ der Sonne aus der Tafel berechnet; zur Bestimmung der mittleren Zeit, wenn die wahre Sonnenzeit aus Höhenbeobachtung berechnet ist. (Man entnimmt dazu die **Zeitgleichung** aus der Tafel und **addiert** sie zur wahren Sonnenzeit); zur Berechnung der Kulmination (des Meridiandurchgangs) der wahren Sonne nach mittlerer Zeit. (Man addiert dazu die Zeitgleichung zu 0^h, d. h. zum mittleren Mittag nach Ortszeit.)

Man findet durch Interpolation die gesuchten Größen für jedes Datum. Dabei ist jedoch zu berücksichtigen: Die Zeit muß nach Mitteleuropäischer Zeit angegeben sein und die Tafel gilt **genau** nur für das Jahr 1910. Für jedes andere Jahr verschiebt sie sich um ein Stück, das man also am besten dem Datum, für das man interpoliert, abzieht oder zuzählt. Diese Zahl findet sich unter „Korrektion auf den Jahresanfang" für jedes Jahr in Bruchteilen eines Tages aufgezeichnet. Im Jahre 1910 ist diese Korrektion folglich gleich Null. Dazu ist zu beachten, daß man vom 1. Januar bis zum 29. Februar eines Schaltjahres 1 ganzen Tag vom Datum abzuziehen hat. Danach findet man z. B. für

1924 März 28, $4^h 15^m$ M. E. Z. = 1924 März 28,177

die Korrektion für 1924: + 0,608. Man hat also mit März 28,785 in die Tafel einzugehen. Nun nimmt z. B. die Deklination vom März 26 bis März 31 in 5 Tagen um $1°57'$ gleich $117'$ zu, also nimmt sie von März 26 bis März 28,785 um

$$x = \frac{117 \cdot 2{,}785}{5} = 65' = 1°5'$$

zu, sie ist also, da sie März 26 gleich $+1°57'$ ist:

1914 März 28, $4^h 15^m = \delta = 3°2'$

Ein Hauptzweck der Tabelle ist die Berechnung der Sternzeit zu jeder mittleren Zeit. Denn Rektaszension der Sonne vermindert um die Zeitgleichung gibt die Rektaszension der mittleren Sonne, das ist die im Augenblick des mittleren Mittags gültige Sternzeit. So ist am 1. März 1910 im mittleren Mittag $22^h 33^m 30^s$ Sternzeit und man findet leicht, wieviel Sternzeit um z. B. $5^h 3^m 52^s$ Ortszeit

III, Die Zeitrechnung

ift, nämlich $5^h 4^m 23^s$ (nach S. 34) mehr als im Mittag, also
$$27^h 38^m 2^s = 3^h 38^m 2^s.$$

Es kulminieren mithin am 1. März 1910 um $5^h 3^m 52^s$ alle Sterne mit der Rektaszension $3^h 38^m 2^s$. Auf unserer Sternkarte findet man hier das Sternbild des Stiers, des Perseus, des Eridanus.

Korrektion auf den Jahresanfang.

Jahr	Korrektion	Jahr	Korrektion	Jahr	Korrektion
1920[s]	+ 0,577	1926	+ 0,124	1931	— 0,088
1921	+ 0,335	1927	— 0,119	1932[s]	+ 0,691
1922	+ 0,093	1928[s]	+ 0,639	1933	+ 0,429
1923	— 0,150	1929	+ 0,397	1934	+ 0,187
1924[s]	+ 0,608	1930	+ 0,155	1935	— 0,056
1925	+ 0,366				

Tag		Zeitgleichung		Rektaszension			Deklination		Halbmesser	
M. Z. Greenw.		m	s	h	m	s	°	′	′	″
Januar	0	+ 2	56	18	39	52	— 23	9	16	16
	5	5	16	19	1	55	22	41	16	16
	10	7	26	19	23	48	22	3	16	16
	15	9	22	19	45	27	21	14	16	16
	20	10	1	20	6	49	20	16	16	15
	25	+ 12	22	20	27	52	— 19	7	16	15
	30	13	22	20	48	35	17	50	16	14
Februar	4	14	2	21	8	58	16	25	16	13
	9	14	23	21	29	1	14	52	16	12
	14	14	23	21	48	45	13	14	16	12
	19	+ 14	5	22	8	9	— 11	30	16	11
	24	13	29	22	27	16	9	42	16	9
März	1	12	38	22	46	8	7	49	16	8
	6	11	35	23	4	47	5	55	16	7
	11	10	21	23	23	16	3	58	16	6
	16	+ 8	59	23	41	37	1	59	16	4
	21	7	31	23	59	51	— 0	1	16	3
	26	5	59	0	18	3	+ 1	57	16	2
	31	4	27	0	36	14	3	54	16	0
April	5	2	57	0	54	26	5	50	15	59
	10	+ 1	32	1	12	44	+ 7	43	15	58
	15	0	13	1	31	8	9	32	15	56
	20	+ 0	57	1	49	40	11	18	15	55
	25	— 1	58	2	8	22	12	59	15	54
	30	2	46	2	27	17	14	34	15	52
Mai	5	— 3	21	2	46	24	+ 16	4	15	51
	10	3	42	3	5	46	17	27	15	50

Tafel der Sonnenorte

Tag	Zeitgleichung	Rektaszension	Deklination	Halbmesser
M. Z. Greenw.	m s	h m s	° ′	′ ″
Mai 15	3 49	3 25 22	18 43	15 49
20	3 42	3 45 12	19 51	15 48
25	3 21	4 5 16	20 50	15 47
30	— 2 48	4 25 32	+ 21 41	15 46
Juni 4	2 3	4 45 59	22 22	15 46
9	1 9	5 6 36	22 53	15 45
14	— 0 9	5 27 19	23 14	15 45
19	+ 0 55	5 48 6	23 25	15 44
24	+ 2 0	6 8 53	+ 23 26	15 44
29	3 2	6 29 39	23 17	15 44
Juli 4	4 1	6 50 20	22 57	15 44
9	4 52	7 10 54	22 27	15 44.
14	5 33	7 31 18	21 48	15 44
19	+ 6 2	7 51 29	+ 20 59	15 44
24	6 17	8 11 27	20 1	15 45
29	6 17	8 31 10	18 55	15 45
August 3	+ 6 4	8 50 39	+ 17 42	15 46
8	5 35	9 9 54	16 21	15 47
13	4 51	9 28 53	14 53	15 47
18	3 53	9 47 38	13 20	15 48
23	2 43	10 6 10	11 41	15 49
28	+ 1 21	10 24 31	+ 9 57	15 50
September 2	— 0 9	10 42 44	8 10	15 51
7	1 46	11 0 49	6 19	15 52
12	3 29	11 18 49	4 26	15 54
17	5 15	11 36 46	2 31	15 55
22	— 7 2	11 54 42	+ 0 34	15 56
27	8 45	12 12 41	— 1 22	15 58
Oktober 2	10 24	12 30 45	3 19	15 59
7	11 55	12 48 57	5 15	16 0
12	13 16	13 7 18	7 9	16 2
17	— 14 26	13 25 52	— 9 1	16 3
22	15 21	13 44 40	10 50	16 5
27	15 59	14 3 44	12 34	16 6
November 1	16 18	14 23 8	14 14	16 7
6	16 17	14 42 51	15 48	16 8
11	— 15 56	15 2 55	— 17 15	16 10
16	15 15	15 23 19	— 18 35	16 11
21	14 12	15 44 5	19 47	16 12
26	12 49	16 5 11	20 50	16 13
Dezember 1	11 7	16 26 36	21 43	16 13
6	9 8	16 48 17	22 26	16 14
11	— 6 56	17 10 12	— 22 58	16 15
16	4 35	17 32 16	23 18	16 15
21	— 2 8	17 54 26	23 27	16 16
26	+ 0 22	18 16 38	23 24	16 16
31	2 49	18 38 49	23 9	16 16

Tafeln zur Verwandlung der mittleren Zeit in Sternzeit.

Tafel I		Tafel II	
Reduktion auf Sternzeit	Mittlere Zeit	Reduktion auf Sternzeit	Mittlere Zeit
+ 0^m 0^s	0^h 0^m 0^s	+ 0,^{s}0	0^m 0^s
0 10	1 0 52	1, 0	6 5
0 20	2 1 45	2, 0	12 10
0 30	3 2 37	3, 0	18 16
0 40	4 3 30	4, 0	24 21
0 50	5 4 22	5, 0	30 26
+ 1 0	6 5 15	6, 0	36 31
1 10	7 6 7	7, 0	42 37
1 20	8 6 59	8, 0	48 42
1 30	9 7 52	9, 0	54 47
1 40	10 8 44	10, 0	60 52
1 50	11 9 37		
+ 2 0	12 10 29	Hiernach ist z. B.	
2 10	13 11 21	4^h 3^m 30^s Mittlere Zeit	
2 20	14 12 14	= 4^h 3^m 30^s + 40^s	
2 30	15 13 6	= 4^h 4^m 10^s Sternzeit	
2 40	16 13 59	5^h 3^m 52^s Mittlere Zeit	
2 50	17 14 51	= 5^h 3^m 52^s + 40^s + 10^s	
+ 3 0	18 15 44	= 5^h 4^m 42^s Sternzeit.	
3 10	19 16 36		
3 20	20 17 28		
3 30	21 18 21		
3 40	22 19 13		
3 50	23 20 6		
4 0	24 20 58		

IV. Der Beobachtungsort.

Neben der Zeitangabe bei einer Beobachtung ist in den meisten Fällen unumgänglich die Angabe des Ortes erforderlich, an dem die Beobachtung gemacht wurde. Jeder Astronom beginnt deshalb seine Tätigkeit an einem Orte damit, festzustellen, wo dieser Ort auf der Erde liegt. Diese Aufgabe heißt, weil sie die Grundlage aller Erdkunde ist, geographische Ortsbestimmung. Man bezieht die Lage eines Ortes auf der Erde auf die Erdachse, die als unveränderlich angenommen wird. Der Kreis, der von den Endpunkten der Achse, den Polen, gleich weit absteht, heißt der Gleicher oder Äquator. Er teilt die Erde in zwei gleiche Halbkugeln, die nördliche und südliche Halbkugel. Als nördliche Halbkugel wird die bezeichnet, auf der Europa liegt, das heißt auf der die Kulturvölker wohnen. Kreise, welche durch die beiden Pole gehen, heißen Mittagslinien oder Meridiane, weil alle Orte auf diesen Kreisen zu gleicher Zeit Mittag haben. Alle Meridiane schneiden den Äquator senkrecht. Von allen Meridianen wird der durch die Sternwarte von Greenwich gehende als Nullmeridian angenommen. Von allen Orten, die auf diesem Meridian liegen, sagt man, sie hätten die „geographische Länge Null". Jeder Ort der Erde hat so seinen Meridian, und den Neigungswinkel dieses Ortsmeridians zu dem Meridian von Greenwich nennt man dann die geographische Länge dieses Ortes. Man zählt die Längen von Greenwich nach Osten bis 360° — oder nach beiden Seiten je 180°, wobei man dann anzugeben hat, ob östlich oder westlich von Greenwich. Östliche Orte haben früher Mittag als Greenwich, ihre Ortszeit geht vor der von Greenwich voraus. Da die Erde sich in 24^h um 360° Länge dreht, so hat ein Ort, der z. B. 15° östlich von Greenwich liegt, genau 1^h früher Mittag, seine Ortszeit ist gleich Greenwicher Zeit vermehrt um 1^h Ein solcher Ort ist Stargard in Pommern oder auch Görlitz, Catania auf Sizilien oder Lüderitzbucht.

Doch ist ein Ort noch lange nicht eindeutig bestimmt, wenn man seine Länge kennt; denn man kennt dann erst den Meridian, auf dem er liegt. Wie unterscheiden sich nun zwei Orte auf demselben Meridian? Um dies Merkmal zu finden, gehen wir vom Südpol nach dem Nordpol auf dem betreffenden Meridian entlang. Stehen wir genau auf dem Südpol, d. h. dem Ende der Erdachse — was leichter gedacht als getan ist — so zeigt die Erdachse senkrecht nach oben. Sie trifft aber den Himmel in einem Punkt, den wir den Südpol des Himmels nennen. Dieser Punkt ist am Himmel dadurch zu erkennen, daß er sich nicht zu drehen scheint, wie es alle anderen Punkte des Himmels infolge der Erddrehung tun. Am Südpol der Erde liegt also der Südpol des Himmels in dem höchsten Punkte des Himmels. Denken wir uns nun die Erdkugel ganz aus Wasser, das wie ein Spiegel glatt daliegt — und unser Auge genau in der Wasseroberfläche, so sehen wir vom Himmel genau eine Halbkugel, die unten durch einen Kreis, den Horizont oder die Kimm, begrenzt wird. Der Himmelspol liegt dann senkrecht zum Horizont in einem Abstande von 90°; man sagt, der Pol hat die Höhe 90°. Gehen wir nun auf unserem Meridian entlang nach dem Äquator zu, so ändert unser Horizont seine Richtung, infolgedessen bleibt der Himmelspol nicht in dem höchsten Punkt des Himmels, er nähert sich dem Horizont, seine **Höhe** ist nicht mehr 90°. Je näher wir dem Äquator kommen, desto kleiner wird die Höhe des Pols. Im Äquator selbst fällt der Himmelspol mit dem Horizont zusammen. Gegenüber dem Südpol liegt hier der Nordpol auch im Horizont: die Polhöhe ist Null. Gehen wir über den Äquator auf den Nordpol der Erde zu, so erhebt sich der nördliche Himmelspol allmählich über den Horizont, die Polhöhe wächst, bis sie am Nordpol der Erde wieder gleich 90° ist.

Wir haben damit das Unterscheidungsmerkmal aller Orte auf demselben Meridian kennen gelernt: die Polhöhe. Unser Marsch vom Südpol zum Nordpol war zwar beschwerlich, aber wir sind damit zu einer richtigen Erklärung des zweiten Bestimmungsstücks (Koordinate) der Lage eines Ortes auf der Erde gelangt.

Wir nennen die **Polhöhe** auch **geographische Breite**, unterscheiden nördliche Breite ($+\varphi$) und südliche Breite ($-\varphi$).

Welchen Winkel bedeutet nun die Polhöhe auf der Erde? Zwei Winkel sind gleich, wenn ihre Schenkel aufeinander senkrecht stehen. Polhöhe war die Neigung der Erdachse gegen den Horizont — also auch: die Neigung einer Senkrechten auf dem Horizont zu einer zur Weltachse senkrechten Ebene. Senkrecht auf dem Horizont steht, da die Wasseroberfläche sich senkrecht zu der Schwerkraft stellt, die Richtung der Schwerkraft. Die senkrechte Ebene zur Erdachse ist der Äquator. Also ist die Polhöhe gleich der Neigung der Schwerkraftsrichtung gegen den Äquator.

Wäre die Erde eine genaue Kugel, so würde die Schwerkraft nach dem Mittelpunkt der Kugel gerichtet sein. Bei der Erde fällt diese Richtung nur angenähert mit dem Radius nach dem Mittelpunkt zusammen. Den Neigungswinkel des Radius zur Äquatorebene bezeichnet man deshalb zum Unterschiede von der geographischen Breite als **geozentrische Breite** (φ'). Im Äquator (Abb. 5) und an den Polen sind beide Breiten einander gleich.

Astronomisch bestimmen können wir nur die geographische Breite φ, da wir zwar die Richtung der Schwerkraft durch ein Lot oder die Richtung des Horizontes durch eine Flüssigkeitsoberfläche (z. B. Wasser oder Quecksilber), nicht aber die Richtung nach dem unbe-

Geographische Länge und Breite

kannten Mittelpunkt der Erde festlegen können. Aus der geographischen Breite folgt die stets etwas kleinere geozentrische Breite, wenn man die Erde als Ellipsoid mit den halben Achsen
a = 6377,4 km,   b = 6356,1 km auffaßt:
$$\varphi' = \varphi - 11',511 \sin 2\varphi + 0',02 \sin 4\varphi.$$

Doch nun zur Bestimmung von Länge und Breite. Da ein Ort mit der Länge l östlich von Greenwich $\frac{1}{15}$ Stunden früher Mittag hat, als Greenwich, so brauchen wir nur die Zeit des mittleren Mittags an einem Orte abzuziehen von der Zeit des mittleren Mittags in Greenwich. Anders ausgedrückt, wir bestimmen unsere Ortszeit und sehen zu, wieviel sie vor Greenwicher Zeit voraus ist. Solche Messungen sind also nur Zeitvergleichungen. Meist bestimmt man die Zeit der Kulmination eines Sterns und läßt sich von Greenwich — oder einer anderen Sternwarte, deren Länge bereits an Greenwich „angeschlossen" ist — die Zeit der Kulminationen an diesem Ort telegraphieren. Die Differenz beider Zeiten ist die

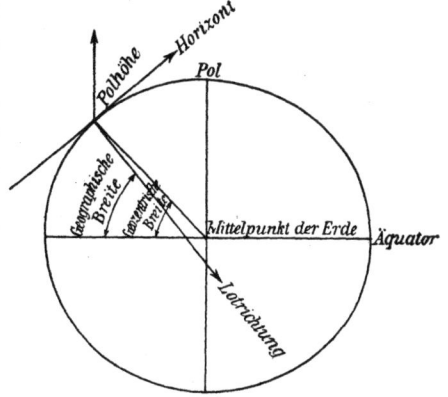

Abb. 5. Der Unterschied zwischen geographischer und geozentrischer Breite.

Längendifferenz, vorausgesetzt, daß die Uhr nach Sternzeit geht.

Ein solches Zeitsignal gibt in vielen Hafenstädten der Zeitball, der genau 12^h M. E. Z. herabfällt, sonst erhält man auf Bahnhöfen um 8^h oder 9^h das telegraphische Zeitsignal.

Bleibt noch der Rest der Aufgabe, Bestimmung der Ortszeit. Darüber ist im Abschnitt über die Zeit Genügendes gesagt: aus zwei korrespondierenden Höhen der Sonne, aus einer Sonnenhöhe, wenn die Breite bekannt ist, aus Auf- oder Untergängen der Sonne am Meer folgt eine einigermaßen genaue Ortszeit und durch Vergleich mit dem Zeitsignal die geographische Länge des Ortes. Voraussetzung ist, daß wir alle Regeln der Korrektion und Beobachtung unserer Uhr angewandt haben. Darauf wollen wir als auf etwas Selbstverständliches im folgenden nicht mehr besonders hinweisen.

Die Bestimmung der Polhöhe setzt stets ein Instrument voraus, das Winkel zu messen imstande ist. Es ist also schwer, eine Methode für unsere einfachen Hilfsmittel zu ersinnen: Die Sonne und ihre Höhenbestimmung in der camera obscura ist allein denkbar. Man entwirft durch eine enge Öffnung ein Bild der Sonne und mißt im Augenblick der Kulmination die drei Seiten des Dreiecks, Öffnung, Mitte des Sonnenbildes, Fußpunkt, wo unter „Fußpunkt" ein Punkt verstanden ist, der senkrecht über dem Sonnenbildchen in gleicher Höhe wie die Öffnung liegt. Der Winkel an der Öffnung ist die Höhe der Sonne h. Entnimmt man aus der Tafel S. 32 die Deklination der Sonne δ, so ist die gesuchte Polhöhe

$$\varphi = 90^0 - h + \delta.$$

Die Höhe h ist vorher auf atmosphärische Brechung zu korrigieren. Der Astronom führt diese Bestimmung an Sternen aus. Auf Reisen wird der Sextant als Meßmittel gebraucht. Ganz besonders geeignet ist für den Sextanten die Beobachtung des Polarsterns. Dieser dem Nordpol sehr nahe Stern erreicht nach zwölf Stunden zwei wenig voneinander verschiedene Höhen h_1 und h_2, dann ist $\varphi = \frac{h_1 + h_2}{2}$ die gesuchte Polhöhe. In jedem Falle muß die Lage des Horizonts bestimmt werden durch einen Quecksilbernapf, einen sog. künstlichen Horizont. Der Astronom richtet das Fernrohr seines Meridiankreises von oben senkrecht gegen die spiegelnde Oberfläche; dann sieht er im Spiegel das Bild der Fäden, die im Okular ausgespannt sind. Stellt er das Rohr genau so, daß das Bild der Fäden mit diesen selbst zusammenfällt, so steht das Fernrohr senkrecht, die Teilkreise müssen dann auf Null zeigen. Richtet er nun das Fernrohr auf einen Stern, der ja gerade kulminiert, so kann er einen Winkel ablesen, der um 90^0 vermindert die Höhe des Sterns angibt. Daraus und aus der Deklination des Sternes folgt die Polhöhe φ.

Mit dem Sextanten mißt man die Entfernung des Polarsterns von seinem durch einen Quecksilberhorizont entworfenen Spiegelbild. Diese Entfernung ist gleich der doppelten Höhe des Polarsterns h_1. Nach 12 Stunden hat der Polarstern eine andere Höhe h_2 und die Polhöhe ist das arithmetische Mittel aus beiden Höhen. Die Methode hat den Vorteil, den Fehler zu verkleinern, da die Polhöhe durch Mittelbildung aus zwei Werten erhalten wird. Für unsere Zwecke wird es in den meisten Fällen genügen, Länge und Breite eines Ortes aus einer guten Karte zu entnehmen. Die meisten Karten sind mit einem Gradnetz versehen. Man braucht also nur die Entfernung eines Punktes von den benachbarten Kreisen zu messen und zu interpolieren. Im Schulatlas von Debes hat Goldap von dem benachbarten 22. Meridian von Greenwich 6,8 mm Abstand, während auf derselben Karte zwei Meridiane (1° Abstand) 21,2 mm in der Breite von Goldap voneinander abstehen. Also ist die Entfernung Goldaps in Graden vom 22. Meridian

$$x : 1^0 = 6{,}8 : 21{,}2,$$

$$x = \frac{6{,}8}{21{,}2} = 0^0{,}321 = 19'{,}3.$$

Daher ist nach dieser kleinen Karte die Länge von Goldap

$$l = 22^0 \ 19'.$$

Die Spezialkarte von Ostpreußen bei Debes ergab

$$l = 22^0 \ 18'{,}6,$$

die Generalstabskarten geben den Wert

$$l = 22^0 \ 18' \ 54'',$$

während aus astronomischen Beobachtungen

$$l = 22^0 \ 18' \ 50''$$

als wahrscheinlichster Wert sich mir ergeben hat. Ähnlich liest man die Breite ab.. Hat man den Vorzug, in einer Stadt mit Sternwarte zu wohnen, so kann man aus der Lage der Sternwarte die Lage jedes Beobachtungsortes berechnen, wenn man die Entfernung von der Sternwarte und die Himmelsrichtung kennt, in der die Sternwarte liegt. Sind diese beiden Größen e und A, e in Kilometern, A in Gradmaß als Winkel mit der Nord-Südrichtung, so ist $\frac{e \sin A}{111 \cos \varphi}$ der Abstand der Länge, $\frac{e \cos A}{111}$ der Abstand in Breite von der Sternwarte, da 1° am Äquator gleich 111 km, in der Breite φ nur noch gleich 111 cos φ km ist. Die Lagen der Sternwarten sind deshalb im folgenden Verzeichnis zusammengestellt. Liegt z. B. ein Ort 2,4 km genau im Südwesten der Sternwarte von Königsberg, so ist

$$e = 2{,}4$$
$$A = 45^0,$$

also der Abstand in Länge und Breite 1,70 km, oder in Graden

für die Länge 0°,027 = 1',6,

für die Breite 0°,015 = 0',9,

wobei für φ die Breite der Königsberger Sternwarte 54° 43' als Wert gesetzt ist. Beide Entfernungen △l und △φ sind von den Werten für Königsberg (l = 20° 29',8; φ = 54° 42',8) abzuziehen, da der unbekannte Ort im Südwesten lag. Es ergibt sich mithin:

Östliche Länge von Greenwich l = 20° 28',2,

Nördliche Breite φ = 54° 41',9.

Gibt eine Karte die Längen nach Ferro an, so berechne man die Länge des gesuchten Ortes nach Ferro und subtrahiere 17°39'46", da der Nullmeridian von Ferro um diese Länge nach Westen von Greenwich liegt.

Verzeichnis der geographischen Lage deutscher Städte.

Name des Ortes	Länge östlich von Greenwich		Breite nördlich		Ortszeit Minus M. E. 3.	
	°	'	°	'	m	s
Aachen, Rathaus	6	4,5	50	46,6	— 35	42
Bamberg, Remeisfternwarte . . .	10	53,3	49	53,1	— 16	27
Berlin, neue Sternwarte	13	23,7	52	30,3	— 6	25
Bonn, Sternwarte	7	5,8	50	43,7	— 31	37
Braunschweig, Andreaskirche . .	10	31,5	52	16,1	— 17	54
Bremen, Ansgariuskirche	8	48,3	53	4,8	— 24	47
Breslau, Sternwarte	17	2,2	51	6,9	+ 8	9
Danzig, Marine-Sternwarte . .	18	39,9	54	21,4	+ 14	40
Dresden, Math. Salon	13	44,0	51	3,2	— 5	4
Düsseldorf, Sternwarte	6	46,2	51	12,4	— 32	55
Frankfurt a. M., Domturm . . .	8	41,2	50	6,7	— 25	15
Goldap, Realgymnasium	22	18,8	54	18,4	+ 29	15
Göttingen, Universitäts-Sternwarte	9	56,9	51	31,8	— 20	14
Gotha, Sternwarte	10	42,7	50	56,6	— 17	9
Halle a. S.	11	57,7	51	29,6	— 12	9
Hamburg, Sternwarte	9	58,4	53	33,1	— 20	6
Hannover, Marktturm	9	44,4	52	22,3	— 21	2
Heidelberg, Sternwarte Königsstuhl	8	43,5	49	23,9	— 25	6
Jena, Sternwarte	11	35,2	50	55,6	— 13	39
Karlsruhe, ehemalige Sternwarte .	8	24,1	49	0,5	— 26	24
Kassel, Schloß Wilhelmshöhe . .	9	23,9	51	19,0	— 22	24
Kiel, Sternwarte	10	8,9	54	20,5	— 13	24
Köln, Dom	6	57,8	50	56,5	— 32	45
Königsberg i. P., Sternwarte .	20	29,8	54	42,8	+ 21	59
Leipzig, Neue Sternwarte . . .	12	23,5	51	20,1	— 10	26

Name des Ortes	Länge östlich von Greenwich		Breite nördlich		Ortszeit Minus M. E. Z.	
	°	′	°	′	m	s
Lübeck, Marine-Observatorium . .	10	41,4	53	51,5	— 17	14
Magdeburg, Kathedrale	11	38,7	52	8,1	— 13	25
Mainz, Stephanskirche	8	16,3	49	59,7	— 26	55
Mannheim, alte Sternwarte . . .	8	27,6	49	29,2	— 26	10
Marburg, Sternwarte	8	46,4	50	48,8	— 24	54
München, Sternwarte	11	36,5	48	8,8	— 13	34
Nürnberg, Runder Turm	11	4,7	49	27,5	— 15	41
Potsdam, Astrophysikalisches Institut	13	4,0	52	22,9	— 7	44
Speier, ehemalige Sternwarte . .	8	26,4	49	18,9	— 26	14
Stettin, Schloßturm	14	33,9	53	25,7	— 1	44
Straßburg i. E., Neue Sternwarte .	7	46,2	48	35,0	— 28	55
Stuttgart, Kathedrale	9	10,7	48	46,6	— 23	17

V. Der Sternhimmel.

Die erste Empfindung, die sich eines Beschauers des völlig klaren gestirnten Himmels bemächtigt, ist die der Zahllosigkeit der Sterne. Man glaubt, je länger man hinschaut, desto mehr der winzigsten leuchtenden Fünkchen auftauchen zu sehen und wird so zu der Empfindung ihrer Unzähligkeit geführt. In Wirklichkeit ist dann jedermann erstaunt, wenn er von der wirklichen Zahl der mit bloßem Auge sichtbaren Sterne erfährt. Denn selbst an ganz klaren Abenden sind nicht mehr als 3000 Sterne für ein ganz vorzügliches Auge sichtbar, für ein normales unter normalen atmosphärischen Verhältnissen nicht viel mehr als 2000; Heis sah im ganzen 5395 Sterne in Mitteleuropa. Immerhin ist die sich zunächst ergebende Aufgabe, die Sterne kennen zu lernen, damit schon als keine leichte gekennzeichnet. Man hat sich von altersher dabei eines anschaulichen Hilfsmittels bedient, indem man die Sterne nach ihrer Stellung zu sog. Sternbildern zusammenfaßte. Die meisten dieser Sternbilder sind sehr alt; so erwähnt ja Homer schon die „Bärin", die „den Jäger Orion" beobachtet. Daraus, daß wir heute noch den Sinn dieser Namen verstehen, folgt schon, daß sich die Sternbilder seit etwa 3000 Jahren nicht verändert haben, daß die Sterne also ihre gegenseitige Stellung bewahren. Sie erhielten deshalb den Namen „Fixsterne". Erst die letzten hundert Jahre haben gezeigt, daß die Fixsterne sich doch gegeneinander verschieben, daß sie eine „Eigenbewegung" haben, deren Wirkung allerdings erst in vielen Jahren für die feinsten Meßinstrumente erkennbare Beträge erreicht.

Um sich nach einer Sternkarte am Himmel zurechtzufinden, geht man von irgendeinem bekannten Sternbild aus, z. B. von dem großen Bären, der auch großer Wagen genannt wird. Die Verbindungslinien der Sterne des großen Bären führen fast alle auf Hauptsterne anderer Sternbilder. So ist bekannt, daß die „Hinterachse" 5 mal verlängert den Polarstern trifft. Dies Verfahren führt den Namen „alignement". Es kann nicht genug empfohlen werden. Erst eine völlige Kenntnis der Sternbilder befähigt zu einem erfolgreichen Beobachten.

Die beigegebene Sternkarte gibt auf einem besonderen Blatt die Begrenzungen und Namen der Sternbilder, sowie auch die Namen der Sterne nach griechischen Buchstaben oder Ziffern. Der Zweck dieser Anordnung ist der, in der Karte ohne jede Störung den Anblick des gestirnten Himmels zu haben und auch seine Kenntnis der Sterne und Sternbilder prüfen zu können.

Häufig wird in diesem Werkchen die Aufgabe sich ergeben, eine Karte eines Teiles des Himmels sich selbst herzustellen, etwa in großem Maßstabe zum Einzeichnen der Bahnen der Wandelsterne. Zu diesem und vielen anderen Zwecken ist auf Seite 76 ein Verzeichnis der hellsten Sterne gegeben, in dem ihr Ort am Himmel angegeben ist nach zwei Koordinaten α und δ. α ist — wie später noch ausführlicher auseinanderzusetzen sein wird — parallel zur täglichen scheinbaren Bewegung gemessen und in Stunden angegeben, δ senkrecht dazu in Graden. Will man eine Karte einer Himmelsgegend herstellen, so nimmt man Millimeterpapier (sog. Koordinatenpapier), trägt senkrecht 1 cm = $1°$ z. B. ab, wagerecht dazu aber eine Strecke gleich 4^m, die gleich cos δ in Zentimetern ist. In dieses Netz trägt man dann die nach dem Verzeichnis an dem darzustellenden Ort stehenden Sterne ein; α wächst von rechts nach links.

Dies Verfahren gilt aber nicht für die Umgebung des Pols. Sollte man hier eine Karte gebrauchen, so zeichnet man einen Kreis und teilt ihn in 24 Teile zu $15°$, jeder ist dann 1^h, vom Pol aus zählt man dann z = $90° - \delta$ wieder wie oben, etwa 1 cm = $1°$.

Betrachten wir den Himmel an der Hand einer Sternkarte, so erkennen wir, daß wir nur einen Teil der Karte überblicken, der die Hälfte des gesamten Himmels ausmacht. Schon nach wenigen Stunden

Orientierung am Sternhimmel

haben sich die Grenzen dieses Teils verschoben, viele Sterne haben sich im Westen zu ihrem Untergange geneigt, andere sind im Osten heraufgezogen; wir erkennen hierin die Wirkung der täglichen Drehung der Erde. Nur eine Gegend bewahrt ziemlich ihren Platz und selbst nach längerer Zeit sehen wir einen Stern an seiner Stelle verharren. Er bezeichnet den „Pol" des Himmels und heißt der Polarstern. Er gibt — ungefähr — die Richtung der Erdachse im Raume an.

Von dieser Drehung, der täglichen, scheinbaren, müssen wir stets absehen, wenn wir Sterne wiederfinden wollen. Es ist gut, das Sternbild des großen Bären durch eine Nacht zu verfolgen, um sich von den verschiedenen Lagen, die die tägliche Drehung hervor bringt, zu überführen. Wie diese tägliche Drehung zur Zeitmessung zu benutzen ist, haben wir in dem 2. Abschnitt schon gesehen. Wir wollen uns hier nur daran erinnern, daß die Zeit einer Umdrehung der Erde, gemessen eben an einem Fixstern, ein Sterntag heißt und in 24^h zu je 60^m zu je 60^s Sternzeit geteilt wird. Da wir Sterne nur in der Nacht sehen, wenn wir also durch die Erddrehung von der Sonne abgewandt sind, so folgt aus der Drehung der Erde um die Sonne, daß wir nach genau $1/2$ Jahr nicht mehr in dieselbe Seite des Sternenraumes hineinsehen, wie vor $1/2$ Jahr. Im Laufe eines Jahres werden wir also allmählich den ganzen Sternenraum zu sehen bekommen. Da aber endlich die Erdachse wie die Drehungsachse eines schnellaufenden Kreisels sich stets parallel bleibt, so verdeckt leider die Rundung der Erdkugel immer für einen Beobachter am Nord- oder Südpol genau die Hälfte des Weltenraumes, nur ein Beobachter am Äquator sieht im Laufe eines Jahres den ganzen Weltenraum. Wir in mittlerer nördlicher Breite sind besser dran als am Pol, aber schlechter als am Äquator: ein Teil des Himmels bleibt uns immer durch die Erde verdeckt. Die Fixsterne in diesem Teil, der ein Kegel um den Südpol herum ist, heißen südliche Zirkumpolarsterne, sie sind für uns unsichtbar. Dafür aber sehen wir einen ebenso großen Kegel des Weltenraumes um den Nordpol jederzeit. Die hier stehenden Sterne heißen nördliche Zirkumpolarsterne. — Es wird leicht sein, aus der Kenntnis der Wirklichkeit sich nun die scheinbaren Vorgänge am Himmel zu erklären: der Weltenraum würde uns, wenn wir wie ein Punkt im All schwebten, wie eine Kugel erscheinen. Da wir auf der Erde stehen, wird ein Teil dieser Kugel durch die uns tragende Erde verdeckt, sichtbar bleibt eine Halbkugel. Den Grenzkreis nennen wir den Horizont. Er ist eine die Erdkugel in dem Beobachtungspunkt berührende Ebene. Der höchste Punkt der sichtbaren Himmelshalbkugel heißt Zenit, der unsichtbare Gegenpunkt Nadir.

Ständen wir am Nordpol der Erde, so würde die Erdachse verlängert durch den Zenit gehen: da wir aber von dem Nordpol der Erde um einen Winkel entfernt sind, der gleich dem Komplement unserer geographischen Breite ist, so wird bei uns die Verlängerung der Erdachse die Himmelskugel in einem Punkte treffen, der um den gleichen Winkel vom Zenit absteht. Dieser Punkt heißt der Nordpol des Himmels. Da die Erdachse sich im Raume stets parallel bleibt, so müssen wir den Himmelspol immer in der gleichen Richtung sehen, er muß also still zu stehen scheinen, während die ganze Himmelskugel sich um ihn zu drehen scheint. Auf der Erde nannten wir die Ebene durch den Beobachtungsort und durch die Pole den Meridian des Ortes; diese Ebene schneidet die Himmelskugel in einem Kreise, der gleichfalls den Namen „Meridian" führt. Der Meridian schneidet den Horizont im Nord- und Südpunkt, er muß auch durch die Pole der Erde und des Himmels sowie durch Zenit und Nadir gehen. Er ist der Hauptkreis am Himmel. Infolge der täglichen Drehung fällt nach je 24 Sternzeit ein Stern wieder mit dem Meridian zusammen. Da die Himmelsachse im Meridian liegt, so muß in diesem Augenblick der Stern seine größte Höhe erreichen, wir sagen er „kulminiert". 12^h Sternzeit später geht der Stern wieder durch den Meridian, aber so, daß er in diesem Augenblicke seine geringste Höhe hat.

Steht ein Stern nicht mehr im Meridian, so heißt die Sternzeit, die seit seiner Kulmination verflossen ist, sein Stundenwinkel t.

Alle vom Pol um $90°$ abstehenden Punkte bilden den Äquator des Himmels. Der Abstand eines Sternes vom Äquator heißt seine Deklination δ. Der augenblickliche Ort eines Sternes ist also bekannt, wenn sein Stundenwinkel t und seine Deklination δ bekannt ist.

Für die Anschauung ist es bequemer, den Ort eines Sternes auf den Horizont zu beziehen. Der Winkel, um den ein Stern vom Horizont absteht, heißt die Höhe h des Sterns; der Winkel zwischen dem Fußpunkt der Höhe und dem Südpunkt des Horizonts heißt das Azimut A. Das Azimut mißt das, was man im bürgerlichen Leben die Himmelsrichtung nennt. SO z. B. ist nichts anderes als $A = 45°$ östlich, NNW ist $A = 157° 30'$ westlich usf. Die augenblickliche Lage eines Sternes ist ebenfalls bestimmt, wenn sein Azimut und seine Höhe bekannt sind.

Beide Arten, einen Stern zu finden, gehen aber aus von der dritten, der allgemeinen Ortsbestimmung eines Sterns. Denn die Lage des Horizonts ist für jeden Ort eine andere, es muß sich aber die Lage eines Sterns allgemein im Weltenraum bezeichnen lassen. Ein bequemes Bestimmungsstück haben wir schon kennen gelernt, das ist die Entfernung des Sterns vom Pol oder ihr Komplement, die Deklination. Das zweite muß eine Zählung der den Erdmeridianen am Himmel entsprechenden Kreise von einem Nullmeridian sein. Als diesen wählt man den Kreis, der durch die Pole und den sog. Frühlingspunkt geht, d. i. der Punkt, in dem der Mittelpunkt der Sonne sich befindet, wenn die Sonne gerade aufsteigend im Äquator steht. Von diesem Nullkreis anfangend, zählt man bis 360° entgegengesetzt der täglichen Drehung am Himmel bis 360° herum und nennt diese Winkel Rektaszensionen α.

Rektaszension α und Deklination δ bestimmen den Ort eines Fixsterns allgemein im Weltenraum, da die Fixsterne so weit von uns entfernt sind, daß es gleichgültig ist, wo in ihrer Bahn sich die Erde befindet.

Die Rektaszension pflegt man gewöhnlich außer in Graden auch in einer 15 mal so großen Einheit, in „Stunden" zu messen. 360° entsprechen dann gerade 24 Stunden. Man schreibt also z. B. statt 215° 24' 30"

$$\alpha = 14^h 21^m 38^s.$$

Da bei der Kulmination die Sternzeit gleich der Rektaszension des Sterns ist, so ist der Stundenwinkel eines Sterns gleich der Sternzeit vermindert um seine Rektaszension.

Aus dem Wesen dieser Bestimmungen des Ortes auf der Kugel ergibt sich folgende Schwierigkeit. Haben zwei Sterne gleiche Rektaszension (oder auch Azimut), so ergibt die Differenz ihrer Deklinationen (oder Höhen) direkt den Abstand der beiden Sterne voneinander in Graden. Nicht jedoch ist dies der Fall für zwei Sterne mit gleicher Deklination (oder Höhe). Hier gibt nicht etwa die Differenz ihrer Rektaszensionen (bzw. Azimute) ihren Abstand. Denn die Kreise gleicher Rektaszension, die Deklinationskreise, fließen nach dem Pol zu weiter zusammen. Der Abstand zweier Sterne mit gleicher Deklination δ und derselben Rektaszensionsdifferenz $(\alpha_2 - \alpha_1)$, ist also am Äquator am größten, nämlich gleich

$$(\alpha_2 - \alpha_1),$$

am Pol jedoch gleich Null; dazwischen ergibt sich leicht nach dem Sinussatz der sphärischen Trigonometrie

$$\sin d = \cos \delta \cdot \sin (\alpha_2 - \alpha_1).$$

Diese sehr wichtige Formel werden wir besonders häufig für zwei Sterne anwenden, die einander sehr nahe stehen; dann ist $(\alpha_2 - \alpha_1)$ ein ganz kleiner Winkel, ebenso d; man kann also für das Verhältnis $\sin d : \sin (\alpha_2 - \alpha_1)$ auch das Verhältnis $d : (\alpha'_2 - \alpha'_1)$ im Gradmaß setzen. Dann folgt

$$d = (\alpha'_2 - \alpha'_1) \cdot \cos \delta,$$

worin $(\alpha'_2 - \alpha'_1)$ Grade bedeutet, also gleich $15 (\alpha_2 - \alpha_1)$ ist. Mithin schließlich
$$d = 15 (\alpha_2 - \alpha_1) \cos \delta.$$

Diese Formel gibt die Verwandlung von kleinen Rektaszensionsdifferenzen in Gradmaß.

Wir werden gleich Gelegenheit haben, die Formel anzuwenden, wenn wir uns die Aufgabe stellen, Rektaszensionen und Deklinationen zu bestimmen. Man heißt dies eine „Ortsbestimmung" eines Sterns. Wir müßten dabei einen Stern von unbekanntem Ort an den „Frühlingspunkt" anschließen; denn dieser hat ja den Ort

$$\alpha = 0 \qquad \delta = 0 \qquad \text{nach seiner Definition.}$$

Ebensogut können wir aber auch unseren Unbekannten an einen bekannten Stern anschließen, z. B. an die Sonne, deren Rektaszension und Deklination sich theoretisch aus ihrer Bahn finden läßt. Wir lösen also eigentlich nicht die Grundaufgabe, wenn auch ihre Lösung auf dem gleichen Wege erfolgt.

Alle Hilfsmittel zur Ortsbestimmung führen den Namen Mikrometer; sie werden von dem Astronomen im Fernrohr so angebracht, daß man sie mit dem Stern zugleich scharf sieht; sie befinden sich dann zwischen den beiden optischen Teilen des Fernrohrs, dem Objektiv und Okular und zwar in dem beiden gemeinschaftlichen Brennpunkte. Da wir auf die Benutzung eines Fernrohres verzichten müssen, so sind wir gezwungen, unsere Mikrometer so weit von dem Auge zu entfernen, daß wir sie mit den Sternen zugleich scharf sehen, d. h. nicht zu nahe am Auge. Etwa 4—5 m Entfernung werden genügen. Der Ort des Auges wird dann festzulegen sein, damit das Mikrometer immer an der gleichen Stelle des Himmels erscheint. Wir be-

Ortsbestimmung

nützen dazu ein Stück Blech mit einem 2 mm großen kreisrunden Loch. Das Blech wird irgendwie festgenagelt.

Doch nun zu unserem Mikrometer selbst. Denken wir uns als Mikrometer eine Glasscheibe und auf der Glasscheibe konzentrische Ringe mit 1, 2, 3 cm usw. Durchmesser, so können wir den Abstand des Unbekannten von einem bekannten Stern messen, etwa bis auf 1 mm genau. Ist die in Zentimetern gemessene Entfernung D_1, während das Mikrometer von dem Auge D_0 cm entfernt war, so folgt der Abstand der beiden Sterne in Graden

$$d = \frac{D_1}{D_0} \cdot \frac{180}{\pi} \quad \text{oder auch} \quad \text{tg}\, d = \frac{D_1}{D_0}.$$

Messen wir ebenso den Abstand von einem zweiten Stern, dessen Ort bekannt ist, so hat man ein Dreieck, dessen drei Seiten bekannt sind. Der Ort des unbekannten Sterns folgt also durch ebene Trigonometrie, wenn die Sterne sich so nahe stehen, daß man ohne großen Fehler die Stelle des Himmels als eben ansehen kann.

Da die eben besprochene Methode aber sehr unpraktisch ist und vor allem unnötig lange Rechnung hinterher verlangt, so hat der Astronom sich Mikrometer ausgedacht, die einfacher zum Ziele führen. Der Grundgedanke aller dieser Mikrometer ist nun der, die tägliche Drehung des Himmels zur Messung heranzuziehen. Diese tägliche Drehung geschieht ja mit völliger Gleichmäßigkeit in 24^h Sternzeit um 360^0, und zwar geschieht sie so, daß alle Sterne, die gleiche Entfernung vom Pol, also gleiche Deklination haben, am Himmel den gleichen Kreis durchlaufen. Markiere ich einen Himmelspunkt, so gehen durch ihn nur Sterne gleicher Deklination und zwar zeitlich in Abständen, die gleich der Differenz ihrer Rektaszensionen sind. Zum Beispiel: durch die höchste Spitze eines Kirchturmkreuzes gehen, gesehen von ein und demselben Punkte meines Fensters, zwei Sterne; der eine um $6^h 42^m 4^s$, der andere um $7^h 48^m 10^s$. Dann haben beide Sterne gleiche Deklination und ihre Rektaszensionen unterscheiden sich um

$$1^h 6^m 6^s$$

in der Zeit, die unsere Uhr angibt. Ist dies mittlere Zeit, so haben wir noch in Sternzeit zu verwandeln, was nach Seite 34 leicht gemacht ist.

Diese Methode ist im allgemeinen deshalb nicht zu verwenden, weil der unbekannte Stern nicht genau die gleiche Deklination hat wie

48 V. Der Sternhimmel

der bekannte Stern. Eine Kirchturmspitze genügt also nicht als Mikrometer, und wir kommen von selbst darauf, ein Kreuz als Mikrometer zu verwenden, dessen einer Arm in Richtung der täglichen Bewegung, dessen anderer senkrecht dazu gestellt wird. Der bekannte Stern muß dann längs des ersten Armes entlang laufen und passiere zur Zeit t_1 den Mittelpunkt des Kreuzes. Der unbekannte Stern wird parallel zu dem ersten Arm laufen und den zweiten Arm zur Zeit t_2 in einem Abstande D von dem Mittelpunkt schneiden. Dann ist $(t_2 — t_1)$ die Rektaszensionsdifferenz und

$$\frac{D \times 180}{D_0 \times \pi}$$

die Deklinationsdifferenz, wenn wieder D_0 der Abstand des Mikrometers vom Auge ist. Man ersieht also, daß der zweite Arm des Mikrometers eingeteilt sein muß.

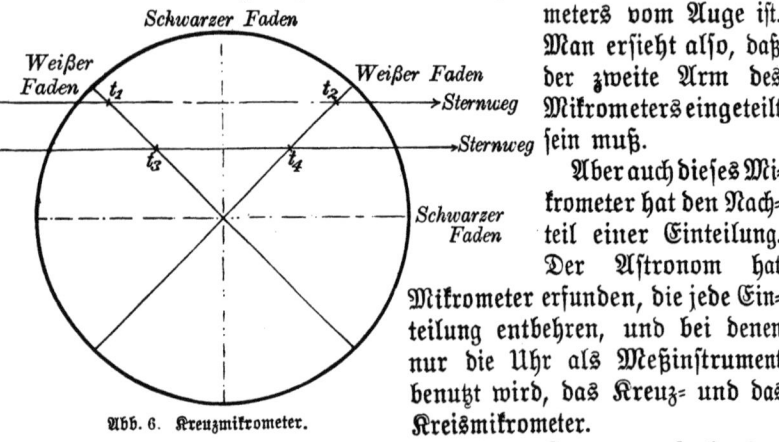

Abb. 6. Kreuzmikrometer.

Aber auch dieses Mikrometer hat den Nachteil einer Einteilung. Der Astronom hat Mikrometer erfunden, die jede Einteilung entbehren, und bei denen nur die Uhr als Meßinstrument benutzt wird, das Kreuz- und das Kreismikrometer.

Das Kreuzmikrometer besteht aus einem Kreuz von senkrechten Fäden, die aber nicht wie oben unser Kreuz aufgestellt werden, sondern um 45° gegen die Richtung der täglichen Bewegung der Sterne gedreht. Nehmen wir also einen Zigarrenkistendeckel und konstruieren mit Zirkel und Lineal einen Kreis mit zwei aufeinander senkrechten Durchmessern, die ein Stück außerhalb des Kreises sich fortsetzen. Dann halbieren wir die rechten Winkel der Durchmesser durch zwei Halbierungslinien und schneiden den Kreis, ohne großen Wert auf Genauigkeit zu legen, mit der Laubsäge aus. Die Verlängerungen der Durchmesser überspannen wir mit zwei guten weißen Fäden, die wir mit Lack oder sonst irgendwie straffgezogen befestigen, während wir die beiden Halbierungslinien mit schwarzen Fäden überspannen.

Mikrometer

Unser Mikrometer ist fertig. Wir stellen es so auf, daß ein Stern (Abb. 6) längs eines der schwarzen Fäden läuft, und beobachten den Antritt des Sterns an den Kreuzungspunkt der weißen Fäden zur Zeit t_0. Der unbekannte Stern wird in seiner Bahn die weißen Fäden zweimal schneiden, und zwar zu den Zeiten t_1 und t_2. Dann ist er zur Zeit $\frac{t_1 + t_2}{2}$ durch den zweiten schwarzen Faden gegangen, während der erste Stern dies zur Zeit t_0 getan hat. Also ist die gesuchte Rektaszensionsdifferenz, die wir mit $\triangle \alpha$ bezeichnen wollen:

$$\triangle \alpha = \frac{t_1 + t_2}{2} - t_0.$$

Um die Deklinationsdifferenz zu finden, brauchen wir nur daran zu denken, daß das Stück der Sternbahn zwischen den weißen Fäden doppelt so groß ist wie der Abstand der beiden Bahnen der Sterne, d. h. wie die Deklinationsdifferenz. Diese Sehne ist aber $t_2 - t_1$, also ist $\frac{t_2 - t_1}{2}$ die gesuchte Deklinationsdifferenz gemessen in Zeit. Da wir aber Deklinationsdifferenzen im Gradmaß angeben müssen, so haben wir mit 15 zu multiplizieren. Endlich haben wir noch nach Seite 46 zu bedenken, das dieselbe Sehne bei einem Stern am Äquator in kürzerer Zeit durchlaufen wird als bei einem dem Pol näherstehenden Stern. Wir hatten gesehen, daß dies durch Multiplikation mit cos δ berücksichtigt wird, also folgt die Deklinationsdifferenz im Gradmaß, wenn wir sie mit $\triangle \delta$ bezeichnen:

$$\triangle \delta = 15 \cdot \frac{t_2 - t_1}{2} \cdot \cos \delta.$$

Zur Berechnung von cos δ genügt ein genäherter Wert der unbekannten Deklination des unbekannten Sterns. Alle Zeitdifferenzen sind in Sternzeit zu verwandeln.

Beispiel: Ein Komet ist am 6. September 1910 mit einem Kreuzmikrometer an α Aurigae Capella angeschlossen. Es fand sich nach mittlerer Zeit:

$t_0 = 7^h 42^m 6^s$

$t_1 = 7^h 45^m 6^s$

$t_2 = 7^h 49^m 36^s$, Komet nördlich von Capella,

oder $\quad\quad \frac{t_2 + t_1}{2} = 7^h 47^m 21^s$

$\frac{t_2 + t_1}{2} - t_0 = + 5^m 15^s$;

nach Verwandlung in Sternzeit folgt also
$$\triangle \alpha = +5^m\,16^s.$$
Ferner ist $\quad \dfrac{t_2 - t_1}{2} = \dfrac{4^m\,30^s}{2} = 2^m\,15^s = 135^s$

$\lg 15 = 1.176$
$\lg 135 = 2.130$
$\lg \cos \delta = 9.843 \quad$ da für Capella $\delta = 45^0.9$
$\lg \triangle \delta = 3.149$
$\triangle \delta = 1410'' = 23'\,30''.$

Also hat der Komet, da für Capella im September 1910 aus unserem Sternverzeichnis Seite 76 folgt:
$$\alpha = 5^h\,10^m\,2^s$$
$$\delta = +45^0\,53',5$$
den Ort $\quad \alpha_1 = \alpha + \triangle \alpha = 5^h\,15^m\,18^s$
$\delta_1 = \delta + \triangle \delta = +46^0\,17',0.$

Im allgemeinen wird man möglichst oft die Messungen wiederholen und aus allen Resultaten nach Ausscheidung grob fehlerhafter das Mittel nehmen. Auch wird der bekannte Stern nur parallel mit dem halbierenden schwarzen Faden zu laufen brauchen, also das weiße Kreuz zweimal schneiden. Alsdann hat man vier Zeiten beobachtet, nämlich die Antritte des bekannten Sterns t_1 und t_2 und die des Unbekannten t_3 und t_4. Ähnliche Überlegungen wie oben führen zu den Formeln:
$$\triangle \alpha = \frac{t_3 + t_4}{2} - \frac{t_1 + t_2}{2}$$
$$\triangle \delta = \left(\frac{t_4 - t_3}{2} - \frac{t_2 - t_1}{2}\right) \cdot 15 \cos \delta.$$

Für $t_1 = t_2$ gehen diese Formeln in die obigen über. Der senkrechte schwarze Faden steht im allgemeinen in einem deutlichen Winkel zur senkrechten Richtung; es ist manchmal bequem, diesen Winkel theoretisch vorher zu bestimmen, so daß die Aufstellung des Mikrometers ohne einen Stern geschehen kann. Dieser Winkel heißt der „parallaktische" und wird im allgemeinen mit γ bezeichnet. Seine Berechnung lehrt die sphärische Trigonometrie des nautischen Dreiecks: Pol, Zenit, Stern, wo der Winkel bei dem „Stern" eben der parallaktische ist. Zur praktischen Benutzung bringt man an dem Ende eines schwarzen Fadens einen Transporteur so an, daß der Faden durch

Kreuz- und Kreismikrometer

0° und 180° (oder auch durch 90° und den Mittelpunkt des Transporteurs) geht. In dem Mittelpunkt des Transporteurs wird ferner ein Senkel befestigt. Senkel und schwarzer Faden müssen dann den Winkel γ einschließen. Es ist $\sin \gamma = \dfrac{\sin t \cdot \cos \varphi}{\cos h}$, wo h folgt aus

$$\sin h = \sin \varphi \sin \delta + \cos \varphi \cos \delta \cos t.$$

Doch noch ein Mikrometer gibt es, das an Einfachheit alle anderen aus dem Felde schlägt: Das Kreismikrometer. Es besteht einfach aus einem genauen Kreise, der aus Pappe oder aus Blech ausgeschnitten wird. Eine besondere Regel für die Aufstellung fällt natürlich bei einem solchen Kreise fort. Es würde das ideale Mikrometer sein, wenn diesem großen Vorteile nicht verschiedene noch größere Nachteile gegenüberständen.

Ein solches Kreismikrometer schneidet aus dem Himmel ein Stück heraus, das als eben betrachtet werden soll. Alle Sterne laufen in parallelen Bahnen innerhalb dieses Kreises, die von einer geraden nicht wesentlich verschieden sein werden. Die Halbierungspunkte aller dieser Sehnen bilden also wieder eine Gerade, die senkrecht zur täglichen Bahn der Sterne steht und unserem zweiten schwarzen Faden beim Kreuzmikrometer entspricht. Daraus ergibt sich, daß Sterne gleicher Rektaszension diese Gerade zu gleicher Zeit erreichen, oder daß die Zeitdifferenz des Durchganges zweier Sterne durch diese Gerade gleich der Rektaszensionsdifferenz ist. Man beobachtet nun die Ein- und Austritte zweier Sterne aus dem Kreis, t_1 und t_2 bei einem bekannten, t_3 und t_4 bei einem unbekannten Stern. Dann ist

$$\triangle \alpha = \frac{t_3 + t_4 - t_1 - t_2}{2}.$$

Zur Berechnung von $\triangle \delta$ muß man aber den Halbmesser des Kreises kennen. Dann folgt mit Hilfe des pythagoreischen Lehrsatzes

$$\triangle \delta = \left\{ \sqrt{r^2 - \frac{(t_2 - t_1)^2}{4}} - \sqrt{r^2 - \frac{(t_4 - t_3)^2}{4}} \right\} 15 \cdot \cos \delta.$$

r ist die Zeit, die ein Stern braucht, um einen Halbmesser des Kreises zu durchlaufen. Sie hängt ab

1. von dem Radius R des Kreises in Zentimetern;
2. von der Entfernung D des Mikrometers vom Auge;
3. von der Deklination des durch die Mitte gehenden Sterns.

V. Der Sternhimmel

Und zwar ist $$r = \frac{R}{D} \cdot \frac{180}{\pi} \cdot \frac{1}{15 \cos \delta}.$$

Wie man sieht, tritt hier der Nachteil des Kreismikrometers klar zutage: es benötigt eine umständliche Rechnung. r kann man ja auch beobachten. Da jedoch selten ein Stern durch die Mitte genau hindurchgehen wird, so würde diese Art der Bestimmung ungenau. Ein weiterer Nachteil des Kreismikrometers liegt in seiner ungleichen Genauigkeit, wenigstens soweit die Bestimmung der Deklination in Frage kommt. Zur Bestimmung von Rektaszensionen ist es unübertrefflich.

Im Gebrauch dieser Mikrometer wird man sich üben müssen, ehe man es zu einer Sicherheit in ihrer Anwendung gebracht hat. Ist ein Mikrometer einmal aufgestellt, so beobachte man etwa eine Stunde lang alle Antritte der durch das Mikrometer ziehenden Sterne und vergleiche die daraus berechneten $\triangle \alpha$ und $\triangle \delta$ mit den Angaben unseres Sternverzeichnisses; dies ist die einzige Art, sich über Ungenauigkeiten und Fehler, die man gemacht hat klar zu werden. Auf eines sei hier gleich hingewiesen. Die beobachteten Sterne gehen bald oberhalb, bald unterhalb des Mittelpunktes der Mikrometer hindurch, dies muß man sorgfältig beim Aufnotieren der Zeiten hinzufügen, da man hierauf bei der Berechnung Rücksicht zu nehmen hat. Endlich sei noch gesagt, daß solche theoretischen Auseinandersetzungen etwas Langweiliges an sich haben; das Interesse kommt erst, wenn man praktisch beobachtet und sich dadurch immer klarer über die Theorie wird. Dazu tritt noch nach wenigen fehlgeschlagenen Versuchen die Freude an der Richtigkeit der erlangten Resultate.

Die Ortsbestimmung ist die Grundlage der gesamten Astronomie. Hunderte von Astronomen widmen der Ausführung der Ortsbestimmung ihr ganzes Leben, und auch wir werden sie bei Gelegenheit der Planeten, Kometen, Meteore anwenden können, wenn wir uns an den Fixsternen die nötige Übung erworben haben.

Durch die Ortsbestimmungen der Fixsterne, die schon im Altertum ausgeführt wurden, und zwar nach einem bescheidenen Versuch von Aristyl und Timocharis in Alexandrien in mustergültiger Weise durch Hipparch (200 v. Chr.), fand Hipparch, daß die Entfernungen aller Sterne vom Frühlingspunkt gleichmäßig zugenommen hatten, und zwar in der Zwischenzeit von 150 Jahren um 1½ Grad. Der große Erfinder der Trigonometrie erklärte dies sofort richtig durch

Ergebnisse genauer Ortsbestimmung

eine Bewegung des Frühlingspunktes, die „Präzession" und bestimmte ihre Größe zu 36 Sekunden jährlich. Der nächste Sternkatalog wurde von Ptolomäus (87—165 n. Chr.) angelegt und enthält 1022 Sterne. Dann beobachtete erst Albategnius (879 n. Chr.) die Größe der Präzession zu 55 Sekunden jährlich. 1260 fand sie Nassir=Eddin zu 51 Sekunden, fast genau die heute gültige Zahl. Berühmt ist noch der Sternkatalog oder Himmelsglobus des Al Sufi am Hofe des Kalifen von Bagdad um 950 n. Chr.

Doch noch ein weiter Weg war zurückzulegen bis zu den Katalogen des 19. Jahrhunderts, zu der Bonner Durchmusterung von Argelander mit 279973 Sternen nördlich vom Äquator; der neueste photographische Katalog wird 3 bis 4 Millionen Sterne enthalten.

Nach den letzten Bestimmungen beträgt die jährliche Präzession des Frühlingspunktes $50'',26$. Sie ist zu klein, als daß wir sie mit unseren Mitteln in einem Jahre nachweisen können. Wenn aber einer der Leser nach 20 Jahren Rektaszensionen von Sternen an die Sonne anschließen würde, so würde er eine gewaltige scheinbare Änderung des Orts eines und desselben Sterns bemerken. Die in Sternkatalogen angegebenen Orte sind also nur für einen bestimmten Zeitpunkt richtig, für jeden anderen Zeitpunkt hat man die „jährliche Veränderung" durch Präzession zu berücksichtigen. Diese Korrektion ist in allen Sternkatalogen, so auch in unserem kleinen Sternverzeichnis, mit dem Vorzeichen angegeben. Wer in der sphärischen Trigonometrie bewandert ist, kann sie sich aus der oben angegebenen Zahl $50'',26$ selbst berechnen. Man verwendet dazu ein besonderes Koordinatensystem, dessen Hauptkreis nicht der Äquator, sondern die jährliche scheinbare Sonnenbahn, die Ekliptik, ist. Die beiden Koordinaten nennt man Länge: λ und Breite: β. Die Länge zählt wieder vom Frühlingspunkt aus, sie allein ändert sich durch die Präzession, und zwar in jedem Jahr eben um $50'',26$. Aus λ und β findet man α und δ durch sphärische Trigonometrie unter Berücksichtigung der Tatsache, daß die Neigung der Ekliptik gegen den Äquator ε unveränderlich $23°27'$ ist.

Um die Präzession zu erklären, müssen wir uns die Ekliptik fest, den Äquator wandernd denken. Dann beschreibt der Nordpol einen Kreis um den Pol der Ekliptik. Da aber der Nordpol der Schnitt der verlängerten Erdachse mit dem Himmel ist, so sieht man, daß die Erdachse im Raume einen Kegel beschreibt. Physikalisch wird dies erklärt, indem man die Erde als einen Kreisel betrachtet, den die Sonne wegen der Abplattung der Erde aufzurichten strebt. Genau wie ein Brummkreisel, der umfallen will, beschreibt die Erde dann eine Kegelbewegung. Aus der Größe der Präzession für ein Jahr können wir die Zeit berechnen, die die Erdachse zu einem einmaligen Durchlaufen des Kegels braucht. Diese Zeit heißt das platonische Weltjahr und ist gleich

$$\frac{360^0 \cdot 60 \cdot 60}{50'',26} = 25800 \text{ Jahren.}$$

Nach dieser Zeit ist der Frühlingspunkt wieder an dem gleichen Stern angelangt.

Nachdem wir uns durch eigene Beobachtungen den Begriff der Rektaszension und Deklination vertraut gemacht haben, wollen wir dem Astronomen in seine einsame Sternwarte folgen und seine Hilfs= mittel zu ihrer Bestimmung kennen lernen. Daß er zum Anschluß eines unbekannten Gestirns an ein bekanntes auch dieselben Mikro= meter, nur angebracht im Fernrohr, benutzt, ist schon oben gesagt. Dazu kommt noch ein besonders einfache Messungen gestattendes Mikrometer, das sog. Fadenmikrometer. Mit seiner Hilfe kann er die Differenzen $\triangle \alpha$ und $\triangle \delta$ direkt messen.

Zur direkten Bestimmung von Rektaszensionen im Anschluß an die Sonne dient der Meridiankreis, d. h. ein Fernrohr, das nur in der Meridianebene drehbar ist. Dieses Fernrohr enthält eine An= zahl von parallelen Fäden, an denen die Antritte der beiden Sonnen= ränder und des zu messenden Sternes bestimmt werden. Die Zwischen= zeit ist wieder die Rektaszensionsdifferenz. Natürlich benutzt auch der Astronom meist Fixsterne bekannter Rektaszension statt der Sonne, und nur diese sog. „Fundamentalsterne" werden direkt bestimmt. Zur Bestimmung der Deklination aber ist das Fernrohr mit großen, äußerst genau geteilten Kreisen versehen, die den Drehungswinkel im Meridian messen. Die Durchmesser dieser Kreise erreichen 1 m, ihre Teilung geht bis zu $1''$ und einer Genauigkeit bis $0'',1$.

Diese Genauigkeit der Ortsbestimmung hat drei Ergebnisse zu er= langen gestattet, die neben der Präzession den Ort eines Sternes am Himmel verändern. Das erste dieser Ergebnisse ist die Ent= deckung der Aberration des Lichts durch Bradley in der ersten Hälfte des 18. Jahrhunderts. Er fand bei allen Sternen eine Be= wegung am Himmel, die in genau einem Jahr vollführt wurde. Er

Präzession. Aberration

erkannte sofort, daß der wahre Grund dieser Erscheinung eine Bewegung der Erde um die Sonne sein müsse, da sonst die Bewegung nicht bei allen Sternen in der gleichen Zeit vollführt werden könnte. Die Aberration ist in der Tat die gleiche Erscheinung, die sich bei Regentropfen zeigt, die auf die Scheiben eines fahrenden Eisenbahnzuges auftreffen: die Tropfen werden aus einer anderen Richtung zu kommen scheinen, als sie es wirklich tun. Aus demselben Grunde muß der Jäger, der einen Hasen im vollen Lauf schießen will, das Gewehr um einen kleinen Winkel „vorhalten". Dieser Winkel heißt die „Aberration" und seine trigonometrische Tangente ist gleich dem Verhältnis der Geschwindigkeit des Hasen zu der Geschwindigkeit der Kugel. Dem laufenden Hasen entspricht die Erde, der Kugel das auf die Erde vom Stern auffallende Licht. Die Geschwindigkeit der Erde ist 30 km/sec, die des Lichtes 300000 km/sec. Die Größe der Aberration a folgt daraus

$$\operatorname{tg} a = \frac{30}{300\,000} \quad \text{oder} \quad a = \frac{30 \cdot 180}{300\,000 \cdot \pi} \text{ in Graden}$$

oder $a = \frac{30 \cdot 180 \cdot 3600}{300\,000 \cdot \pi}$ in Bogensekunden.

Es folgt als Größe der Aberration etwa 20". In der Tat fand Struve später 20",45.

Denken wir uns einen Stern in der Richtung der Erdbahnebene, der sog. Ekliptik, so verändert dieser seinen Ort vom wahren Ort nach beiden Seiten um 20",45, im ganzen also um 40",9 im Jahr. Er beschreibt eine gerade Linie. Zweimal im Jahr, wenn die Erde sich auf den Stern zu und von ihm fortbewegt, steht er an seinem wahren Ort, wie ein Jäger nicht vorzuhalten braucht, der einen auf ihn genau zulaufenden Hasen aufs Korn nimmt. Ein Stern senkrecht zur Ebene der Erdbahn steht aber nie in seinem wahren Ort, sondern stets um 20",45 von ihm ab; er beschreibt also im Laufe eines Jahres einen kleinen Kreis von 20",45 Halbmesser um seinen wahren Ort. Je nach dem Winkelabstand eines Sternes von der Ekliptik, den wir oben Breite β genannt haben, beschreibt ein dazwischen liegender Stern eine Ellipse, deren große halbe Achse stets 20",45 ist, während ihre kleine halbe Achse gleich 20",45 $\times \sin \beta$ ist.

Noch kleiner ist eine andere Verschiebung der Fixsterne von ihrem wahren Ort, die von Bradley eigentlich gesucht, aber erst von Bessel in Königsberg gefunden wurde. Denkt man sich zwei Sterne genau hintereinander, doch den einen sehr viel näher als den anderen, so wird bei ihrer Bahn um die Sonne die Erde den näheren Stern bald auf der einen Seite, bald auf der anderen von dem weiter entfernten sehen. Also müssen alle Sterne gegen die unendlich entfernte Himmelskugel Verschiebungen im Laufe eines Jahres zeigen, die aber bei den uns näheren Sternen größer als bei weiter entfernten sind, ja, die direkt die Entfernung der Fixsterne zu berechnen gestatten.

Die Hälfte der im Laufe eines Jahres auftretenden Verschiebung heißt die jährliche „Parallaxe" des Sterns. Die größte Fixsternparallaxe ist bisher bei einem Stern α Centauri des südlichen Himmels gefunden: sie ist nur 0",752 groß. Das heißt, die äußersten Punkte der Erdbahn bilden mit dem Stern ein gleichschenkliges Dreieck, dessen Winkel an der Spitze 1",504 groß ist. Nimmt man den Erdbahndurchmesser zu 299 Millionen Kilometern an, so folgt aus der Trigonometrie des genannten Dreiecks die Entfernung des Sternes e zu
$$\frac{299\,000\,000}{e} = \frac{1'',504 \cdot \pi}{3600 \cdot 180}.$$

Es ergibt sich e = 41 Billionen Kilometer. Viele glauben, sie könnten sich diese Riesenentfernung vorstellen, wenn sie die Zeit ausrechnen, die das Licht zu ihrem Durcheilen braucht. Da es in 1^s „nur" 300 000 km zurücklegt, also in 1^s „nur" $7\frac{1}{2}$ mal um die Erde herum käme, so braucht es bis zu dem nächsten Fixstern die Zeit von 136 700 000 Sekunden oder 2 280 000 Minuten oder 38 000 Stunden oder 1600 Tage gleich 4 Jahre und 139 Tage! Und das ist der nächste Fixstern. Alle anderen scheinen weiter entfernt zu sein, so weit, daß man bisher nur bei etwa 85 Sternen hat die Parallaxe bestimmen können.

Diese Sterne sind allerdings der Mehrzahl nach hellere Sterne, so Sirius, von dem das Licht bis zu uns 8,8 Jahre braucht, als drittnächster Prokyon mit 9,7 „Lichtjahren" Entfernung, ferner Ataïr (14 Lichtjahre), Kastor (16,4 Lichtjahre). Gerade noch meßbar ist die Parallaxe gewesen bei Arktur (125 Lichtjahre), Regulus (135 Lichtjahre), Beteigeuze (135 Lichtjahre). Man kann sich keine Vorstellung mehr von der Entfernung dieser Fixsterne machen, bei denen der geflügelte Bote des Weltalls, das Licht, Hunderte von Jahren braucht, um uns die bei seiner Abfahrt eingetretenen Ereignisse nach 135 Jahren zu melden. Die große Masse der übrigen Sterne außer diesen 85 müssen danach schier unendlich weit von uns entfernt sein. Wollte man sich ein Modell des Weltenraumes machen und setzte man die Erde der Sonne auf einen Zentimeter nah, so müßte der nächste Fixstern 1367 Meter weit abstehen, während der weiteste aller bisher gemessenen Fixsterne δ Equulii 60 Kilometer weit aufzustellen wäre. Wir sehen damit in einen ungeheuren Raum hinein, in dem durch Riesenentfernungen getrennt Sterne wie leuchtende Fünkchen stehen. Wir erkennen zum ersten Male die Einöde des Weltalls, die gähnende Leere, in der selbst das Licht nur in Abständen von Jahren auf Sterne trifft.

Es fehlt uns noch das dritte der Ergebnisse, die die genauen Ortsbestimmungen der Fixsterne geliefert haben. Eine scharfe Ortsvergleichung zeigt bei etwa 4000 Sternen eine von Stern zu Stern nach Richtung und Größe verschiedene Ortsveränderung, die also dem Stern selbst zukommen muß, wenigstens zum Teil. Diese gesamte Veränderung nennt man die Eigenbewegung des Sterns. Daß sie klein ist, ist schon bei der großen Entfernung der Fixsterne zu erwarten; fast die größte bisher gemessene beträgt 7" jährlich und kommt einem Stern im Großen Bären zu. Der uns nächste Fixstern, α Centauri bewegt sich jährlich um 3",7 Sekunden. Die Bahnen sind geradlinige. Als Ursache der Bewegung kommt erstens eine wahre Bewegung des Sterns im Raume in Betracht, zweitens aber auch eine Fortbewegung der Sonne mit der Erde im Weltenraum. Die Wirkungen beider Ursachen müssen sich übereinander lagern und sind nicht streng voneinander zu trennen. Nur soviel ist klar, daß die Fortbewegung der Sonne mit der Erde im Raum am Himmel ähnliche Bewegungen hervorrufen müßte, wie sie in einer Landschaft vor sich gehen, durch die man mit der Eisenbahn fährt. An dem Ort, auf den die Bewegung zugerichtet ist und den man den Apex nennt, müssen die Sterne auseinander zu rücken scheinen, während sie an dem entgegengesetzten Punkt sich zusammendrängen, die seitlich von der Richtung der Bewegung liegenden Sterne müßten nach hinten zurückschießen. Würden alle Fixsterne stillstehen, so würden diese Bewegungen klar zutage treten. Man hat trotz der Komplikation dieser einfachen Bewegung durch die unregelmäßigen wahren Bewegungen der Fixsterne versucht, aus Tausenden von Eigenbewegungen die Wirkung der Sonnenbewegung abzuleiten und den Punkt zu bestimmen, nach dem hin die Sonne sich mit ihrem ganzen System bewegt. Die neueste dieser Bestimmungen ist von Kobold ausgeführt und hat als Richtung der Sonnenbewegung einen Punkt in der Nähe von G Serpentis ergeben, der Apex der Sonnenbewegung liegt bei

$$\alpha = 17^h 46^m$$
$$\delta = -3° 4',5.$$

Daß dieses Resultat keine absolute Genauigkeit beansprucht, ist bei der geringen Anzahl der Sterne mit bekannter Eigenbewegung einleuchtend.

Als letztes Ergebnis, welches dem Studium der Eigenbewegungen entsprossen ist, sei erwähnt, daß bei manchen Gruppen heller Sterne, wie den Hyaden oder mehreren Sternen des Großen Bären, sich übereinstimmende Eigenbewegungen gezeigt haben, so daß diese Sterne nicht nur scheinbar einander nahe stehen, sondern auch wirklich zusammengehören.

Helligkeit der Sterne.

Beim bloßen Hinschauen nach dem Himmel fällt sofort die sehr verschiedene Helligkeit der Sterne auf. Im Sommer sehen wir zu beiden Seiten des Pols die Vega und die Capella, den Arktur mit gelbem, hellem Licht glänzen. Sie heißen Sterne „erster Größe". Weniger hell und auffällig sind die Sterne des Großen Bären, sie sind „zweiter Größe". Einer der 7 großen ist schwächer als die übrigen, er ist nur „dritter Größe", 3^m, wie man abgekürzt für „magnitudo" schreibt. Der mittlere Deichselstern des ja auch „Wagen" genannten Bären hat einen kleinen Begleiter, Alkor, das Reiterchen, er ist 4^m. Die noch schwächeren sind 5^m, während die schwächsten dem bloßen Auge in klaren, dunklen Nächten erkennbaren Pünktchen 6^m genannt werden. Zwischen den ganzen Größenklassen schätzt man nach Zehntel. So hat man alle Sterne nach ihrer Helligkeit gemessen und zu einem Katalog vereinigt, der in Potsdam hergestellt ist. Seinen Angaben sind die Helligkeiten unseres Katalogs auf S. 76 entnommen. Als Normalsterne erster Klasse kann man folgende Sterne annehmen:

α Virginis: Spica
β Orionis: Rigel

2. Größe sind die folgenden:

β Tauri | δ Scorpii
α Geminorum Castor |
β Canis majoris |

Helligkeit

3. Größe sind:

δ Cassiopejae	δ Corvi
β Arietis	β Herculis
α Hydri	η Draconis
σ Scorpii	β Draconis
π Sagittarii	
α Aquarii	

4. Größe sind:

π^5 Orionis	λ Andromedae	ϱ Leonis
72 Ophiuchi	τ Cygni	ξ Draconis
μ Sagittarii	o^2 Cygni	α Lacertae
o Andromedae	ε Draconis	
α Sagittarii	27 Tauri	

5. Größe sind:

89 χ Pegasi	18 e Ursae majoris
26 v^1 Cassiopejae	31 τ^1 Hydrae
90 v Piscium	5 Canum venatic.
36 ψ Cassiopejae	21 i Bootis
48 ω Andromedae	16 τ Coronae borealis
π Tauri	19 h Draconis
μ Aurigae	45 d Draconis
12 Lyncis	8 ν Capricorni
	57 Cygni
	43 o Pegasi
	4 Cassiopejae
	τ Cassiopejae.

Mit Hilfe dieser in Sternatlanten zu findenden Sterne wird man leicht die Größe der dazwischen liegenden Sterne schätzen können. Bis zur 3,4. Größe sind alle bei uns bequem sichtbaren Sterne auf S. 76 verzeichnet und mit ihren genauen Größen aufgezählt. Bei sorgfältigen Schätzungen der Sternhelligkeit bedient man sich einer Methode, die zuerst von Argelander in Bonn angewandt wurde und „Schätzung nach Stufen" heißt. Man vergleicht nach dieser Methode nur Sterne miteinander. die möglichst nahe stehen und einander möglichst gleich sind. Kann man nur bei mehrmaligem, angestrengtem Vergleichen der beiden Sterne α und β ein Überwiegen der Helligkeit von α feststellen, so sagt man: α **ist eine Stufe** heller als β und schreibt

$$\alpha\,1\,\beta.$$

Ist der Unterschied von α und β gerade erkennbar, so nennt man α **2 Stufen** heller als β:

$$\alpha\,2\,\beta.$$

Ist der Helligkeitsunterschied leicht zu sehen, so setzt man:

$$\alpha\,3\,\beta.$$

Diese Methode der Stufenschätzung hat sich bis heute bei den Astronomen erhalten, mit ihr sind weitaus die meisten Resultate über Sternhelligkeiten erhalten. Erst in neuester Zeit fangen Instrumente Photometer, an, diese Art des Schätzens zu verdrängen.

Da diese Methode nicht nur lehrreich und interessant ist, sondern sogar dem Leser gestattet, tätig mitzuarbeiten an der Erlangung von Ergebnissen über **veränderliche** Sterne, so muß man sich in ihr lange üben. Nach den Erfahrungen des Verfassers ist das Auge zunächst geneigt, große Unterschiede als geringe zu betrachten, also ungeübt, später aber versucht es zu übertreiben und sieht Unterschiede, die kaum vorhanden. Vor beiden Fehlern muß man sich hüten. Man übe sich an den Sternen des Bären, die, mit dem Schwanz beginnend, folgende Helligkeiten haben:

η	Ursae maj.	=	Benetnasch:	$2^m,3$
ζ	"	"	= Mizar:	$2^m,4$
ε	"	"	= Alioth:	$2^m,2$
[δ	"	"	= Megrez:	$3^m,5$]
γ	"	"	= Plekda:	$2^m,7$
β	"	"	= Merak:	$2^m,6$
α	"	"	= Dubhe:	$2^m,0.$

An diesen 7 Sternen läßt sich die Methode vorzüglich üben, man kann ihre Vorzüge und Fehler hierbei schon genau kennen lernen. Die 3 Schwanzsterne scheinen beim bloßen Anblick gleich hell, erst beim genauen Hinsehen tritt einer als der hellste heraus, einer als der dunkelste zurück. Die Unterschiede sind mit die feinsten, die das unbewaffnete Auge noch schätzen soll, nämlich 0,1 Größenklasse, es ist nämlich ε 1 η 1 ζ. δ kann nicht mehr „angeschlossen" werden, sein Unterschied an Helligkeit ist viel zu groß, auch β und γ machen Schwierigkeiten, lassen sich aber miteinander gut vergleichen. Ein prachtvolles Lernobjekt ist α! Man vergleiche α mit ε, ζ und η! Dazu kommt, daß α wegen seiner gelbroten Farbe besondere Schwierigkeiten für das Auge hat, da ε, ζ und η rein weiß erscheinen. Jedenfalls wird man die Unterschiede zwischen α und den Schwanzsternen wahrscheinlich bald überschätzen!

Man sieht bald, daß bei helleren Sternen feinere Unterschiede wahrgenommen werden als bei schwachen.

Als das beste Mittel zur Übung im Stufenschätzen habe ich erkannt, sich beliebige hohe Sternpaare zu suchen, die entweder

1. gleich hell,
2. um 1 Stufe,
3. um 2 Stufen verschieden hell sind

und diese Schätzungen mit den Angaben des Kataloges zu vergleichen. Erst wenn man dadurch einigermaßen genügende Sicherheit seiner „Stufen" erkannt hat, kann man es wagen, an die Beobachtung der veränderlichen Sterne heranzugehen.

Die Helligkeit vieler Sterne ist nicht immer die gleiche, sondern schwankt in mehr oder minder weiten Grenzen. Ein bekanntes Beispiel ist o Ceti, Mira genannt: er schwankt zwischen der ersten und einer weit unter der Sichtbarkeit fürs bloße Auge liegenden Größe, und zwar in einer ziemlich regelmäßigen „Periode" von etwa 331 Tagen (nach Argelander). Er ist der historisch erste erkannte Veränderliche und wurde 1596 von Fabricius entdeckt.

Außer solchen „langperiodischen" Veränderlichen hat man eine Reihe mehr oder minder „kurzperiodischer" Veränderlicher gefunden, deren bekanntester β Persei oder Algol ist. Sein Licht schwankt in 2 Tagen 20 Stunden 49 Minuten (mit periodischen Ungleichheiten) von $2,3^m$ bis $3,4^m$. Die langperiodischen Veränderlichen erscheinen meist rötlich gefärbt, ihre Periode ist ungenau, während die kurzperiodischen die blauweiße Farbe auszeichnen; ihre Periode ist bis auf Minuten genau.

β Lyrae schwankt von $3,4^m$ bis $4,5^m$ in $12^d 21^h 47^m$ [d = dies = Tag].

An den letzten beiden Sternen kann man und hat wohl jeder Astronom seine ersten „Übungen" ausgeführt. Und das folgendermaßen:

V. Der Sternhimmel

Man sucht sich in der Nähe des zu untersuchenden Sternes möglichst nahe und gleich helle Sterne, die man gar nicht zu kennen braucht und in einer Kartenskizze mit a, b, c, d, e... bezeichnet. Diese sog. „Vergleichssterne" ordnet man und schätzt ihre Unterschiede unter sich und gegen die Veränderlichen. Kurzperiodische Variable wird man in kurzen — etwa stündlichen bis viertelstündigen Zwischenzeiten, langperiodische von Tag zu Tag oder Woche zu Woche beobachten. Wir wollen annehmen, wir hätten folgende Beobachtungen uns notiert:

5^h: a 1 b | a 2 f | * = b | * 2 d
    b 1 c | c = f | a 2 * | * 2 e
    c 2 d | d 2 g | * 1 c
    b 2 e | g 2 h

6^h: * = c
    a 2 *
    b 1 *

7^h: * = e
    * 1 d

8^h: * = d | * 2 g
    e 2 * | c 2 *

9^h: * 1 g | d 1 *

10^h: * = g | d 2 * | h 2 *

11^h: * = h | g 1 *

12^h: * = h | g 2 *

13^h: * = g | d 1 *

14^h: * = g | d 2 * ⎫
15^h: * = d | e 2 * ⎬ Der Mond stört etwas.
16^h: * = g | d 2 * ⎪
17^h: * = d | c 2 * ⎭

18^h: * = c | c 1 *   Wolken.

Alle diese Beobachtungen trägt man nach der graphischen Methode in Millimeterpapier auf, indem man die Zeit in einer Wagerechten, die Stufengröße des Sterns in einer Senkrechten abträgt. Es folgen mehr oder minder regelmäßig angeordnete Punkte, die man in einem freien Zuge durch eine Kurve verbindet: die Lichtkurve des unter-

Beobachtung veränderlicher Sterne

suchten Sternes. Abb. 7 gibt die obigen Beobachtungen graphisch wieder. Die gut übereinstimmenden Messungen sind durch stärkere Kreuze wiedergegeben; natürlich muß man beim Ziehen der Kurve auch die weniger gut übereinstimmenden Messungen berücksichtigen. So folgt als wahrscheinlichstes Bild die eingetragene Kurve. Die obigen Messungen ergeben also, daß der Stern zweimal eine minimale Helligkeit erlangt hatte, das erste Mal um

$$11^h,7,$$

das zweite Mal um etwa 16^h. Das zweite Minimum ist nicht so tief wie das erste (um 2 Stufen heller) und tritt 4^h nach dem ersten ein. Weitere Beobachtungen ergeben dann weitere Zeiten für das Eintreten der Hauptminima, so daß sich daraus die Zeit zwischen zwei Minimis beurteilen und angeben läßt. Im allgemeinen wird man selten gleich die Periode treffen, sondern ein ganzzahliges Vielfaches derselben; erst zahlreiche Beobachtungen geben einen Einblick in die Größe der kleinsten Zeit, nach der ein Minimum eintritt, d. i. die wahre Periode. Für die langperiodischen Veränder-

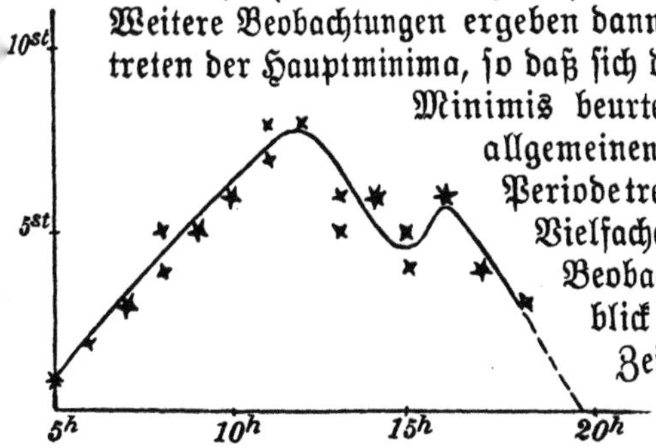

Abb. 7. Lichtkurve eines Veränderlichen. Typus η Aquilae.

lichen stellt man meist die Zeit des Maximums der Helligkeit fest. Ihre Lichtkurven verlaufen ruhiger, sind aber von einer Periode zur andern sehr verschieden, während die kurzperiodischen Variabeln von Periode zu Periode fast gleiche Kurven liefern. Die Zahl der bekannten Veränderlichen betrug 1902 schon über 600 und ist seitdem — allerdings meist für schwächere Sterne als 6. Größe — dank der Photographie erheblich gestiegen. Pickering, ein führender amerikanischer Astronom, schlägt folgende Einteilung der Veränderlichen vor:

Klasse I: Neue Sterne: sie leuchten fast plötzlich auf und sinken wieder langsam zurück.

Klasse II: Die [meist roten] langperiodischen Veränderlichen.

Klasse IIa: Längere Periode. Zunahme des Lichts schneller als Abnahme. Beträchtliche Lichtschwankung. Periode einigermaßen scharf angebbar.

Klasse IIb: Geringer und unregelmäßiger Lichtwechsel.

Klasse III: Kurzperiodische Veränderliche.

Klasse IIIa: Hellere Hauptmaxima wechseln mit schwächeren Nebenmaximis ab (Lyratypus).

Klasse IIIb: Sterne konstanten maximalen Lichts zeigen schnelle und mit großer Regelmäßigkeit verlaufende Minima (Algoltypus).

Klasse IIIa zeigt die Lichtkurve von Abb. 8. Der Hauptvertreter dieser Klasse ist β Lyrae mit einer Periode von $12^d 21^h 47^m$, die aber gewissen Schwankungen unterworfen ist. Zu ihr gehört auch δ Cephei mit einer etwas veränderten Kurve, in der das zweite Maximum nur wenig heraustritt, während bei η Aquilae das Nebenmaximum vorhanden ist, aber nicht von einem zweiten gleich tiefen Minimum gefolgt wird. Man spricht deshalb vom β Lyrae-, η Aquilae-, δ Cephei-Typus. Die Licht-

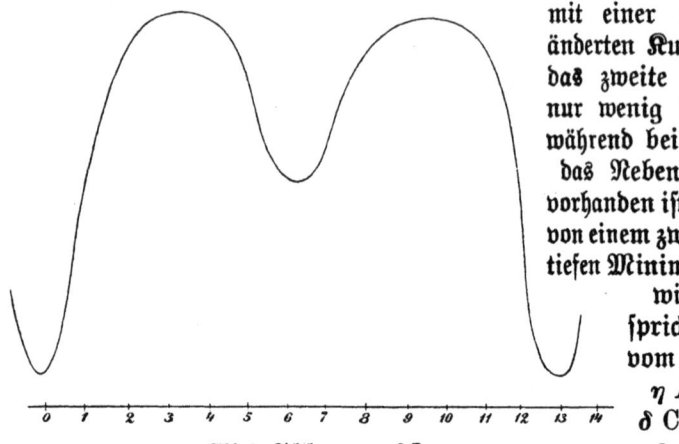

Abb. 8. Lichtkurve von β Lyrae.

kurven sind in Abb. 8, 9 und 10 wiedergegeben. Der Hauptvertreter der Klasse IIIb ist β Persei, Algol. Seine Helligkeit schwankt von der Größe 2,3 bis zur Größe 3,5. Die Periode schwankt um einen Wert von $2^d 20^h 58^m 55^s,2$ um etwa $4^s,0$ auf und ab, in nicht ganz regelmäßigen Wellen. Im ganzen sind bisher etwa 100 Sterne vom Algoltypus bekannt, deren Periode zwischen 7^h und $9^d 11^h$ liegt. Die meisten dieser Sterne sind jedoch mit bloßem Auge nicht erkennbar, außer den folgenden:

δ Librae 5^m,0 bis 6^m,2 in 2^d 7^h 51^m,4

β Persei 2^m,3 „ 3^m,5 „ 2^d 20^h 48^m,9

λ Tauri 3^m,4 „ 4^m,2 „ 3^d 22^h 52^m,2.

Das Charakteristische des Lichtwechsels der Algolsterne liegt in der Tatsache, daß z. B. Algol die größte Zeit seiner Periode in der maximalen Helligkeit verharrt, dann plötzlich abnimmt, um ebenso schnell

Periode. · Lichtkurve

sich wieder zum Maximum zu erheben. Wir werden sehen, welche Annahme dies zu erklären versucht. Ihre Lichtkurve besteht also aus einer geraden Linie bei der Größe 2,3, die durch plötzliche Bogen zur Größe 3,5 unterbrochen wird.

Man pflegt bei Sternen der Klassen IIIa und IIIb die nötigen Daten, die zur Berechnung der Zeiten der Maxima nötig sind, Elemente zu nennen und in der Form zu schreiben

$$T = 2415020{,}000 + 2^d{,}78139 \; E.$$

Hierin ist T die Zeit des Minimums, 2415020,000 bedeutet den Tag eines Minimums oder die „Epoche", gezählt in Tagen seit Beginn der Julianischen Periode [in unserem Beispiel der Tag 1900 Januar 0,00]. Die zweite Zahl ist die Periode; E, stets eine ganze Zahl, zählt die Zahl der verflossenen Minima.

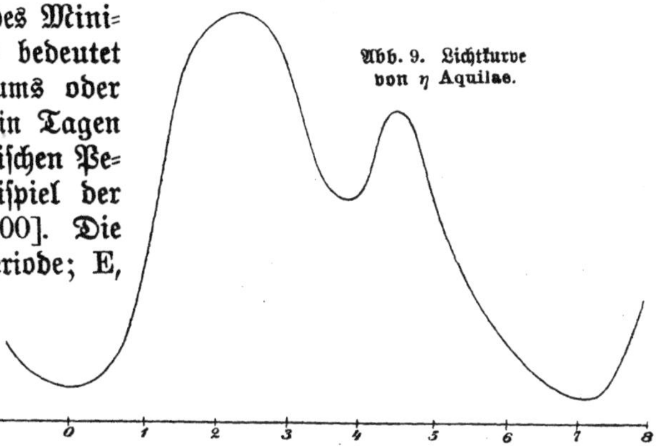

Abb. 9. Lichtkurve von η Aquilae.

Für Algol finden sich die Minima in dem jährlich erscheinenden „Astronomischen Kalender der Wiener Sternwarte" vorausberechnet. Man kann sich auch die Mühe machen, sie nach folgenden Elementen sich selbst auszurechnen:

$$T = 1909 \; \text{Dez.} \; 31, \quad 1^h 50^m + 2^d{,}8673 \; E$$
$$= 2418672{,}076 + 2{,}8673 \; E.$$

Von den langperiodischen Veränderlichen, deren Zahl sehr groß ist, können wir nur sehr wenige ausgezeichnete Typen erwähnen, in unserem Katalog sind alle im Maximum mit bloßem Auge sichtbaren Veränderlichen gesammelt.

o Mira Ceti, stark rot, variiert in 332 Tagen von einem Maximum 1,7 bis 5. Größe zu einem Minimum unter 9. Größe. Mira war das letzte Mal um den 5. September 1900 herum in einem Maximum 2. Größe. Die Verschiedenheit der Maxima ist recht groß. Beobachtungen dieses Sterns im Maximum sind leicht anzustellen und erwünscht.

η Zwillinge verändert sich von 3,2. bis 3,7. zur 4,2. Größe in einer Periode von etwa 231 Tagen.

Die Periode von R im Schild des Sobieski ist noch unentschieden, $71^d — 151^d$. Das Verzeichnis gibt die Stellung des Sternes an, der im Maximum $4^m,7 — 5^m,8$ erreicht. R Wasserschlange variiert von $3^m,5 — 5^m,5$ im Maximum, bis zu $9^m,7$ im Minimum. Seine Elemente sind

$$T = 1909 \text{ Anfang Dezember} + 425,1 \text{ E.}$$

Alle Daten sind in folgendem Verzeichnis zusammengestellt, das alle im Maximum mit bloßem Auge sichtbaren Veränderlichen (auch die Klassen IIIa und IIIb) enthält.

Ein Hilfsmittel, das vielen zur Verfügung steht und auch wesentliche Vorteile gewährt, möchte ich nicht unerwähnt lassen: das Opernglas. Ein Opernglas bedingt eine so wesentliche Vermehrung der Helligkeit, daß besonders die Beobachtung der schwächeren Veränderlichen unseres Verzeichnisses dadurch erleichtert wird. Je größer das Gesichtsfeld des Instrumentes ist, desto besser natürlich. Im übrigen schätzt man nach der Argelanderschen Methode wie mit bloßem Auge.

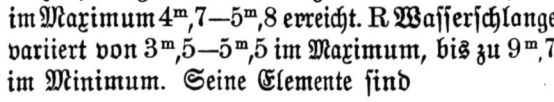

Abb. 10. Lichtkurve von δ Cephei.

Zum Schluß sei noch einmal an die Grundregeln erinnert: nur fast gleich helle Sterne in großer Nähe vergleichen, jedenfalls gleiche Höhe über den Horizont — wegen der Abnahme der Helligkeit mit der Höhe über dem Horizont, und sorgfältiges Achten auf Wolken oder Wolkenschleier.

Die bisherigen Resultate der Beobachtung der Veränderlichen lassen sich durch folgende Hypothesen erklären: langperiodische, meist rote Veränderliche sind physische Veränderliche, deren Strahlung durch zeitweise auftretende Flecken auf dem Stern verdunkelt wird; dagegen sind die regelmäßigen Veränderlichen kurzer Periode durch Verfinsterung des Sterns durch einen von Zeit zu Zeit vor den Hauptstern tretenden Begleiter zu erklären, der weniger als der Hauptstern oder gar nicht leuchtet. Die Periode ist dann die Umlaufszeit der beiden

Typen und Verzeichnis

Verzeichnis mit bloßem Auge sichtbarer Veränderlicher.

Nr.	*	Rekt- aszension (vgl. S. 45)	Dekli- nation (vgl. S. 45)	Maxi- mum	Mini- mum	Epoche	Periode in Tagen
1	T Ceti	0ʰ 17ᵐ	−20°,6	5ᵐ,2	6ᵐ,9	—	162
2	α Cassiopej.	0 35	+56 ,0	2,2	2,8	—	Irregulär
3	o Mira Ceti	2 14	− 3 ,4	1,7—5,0	9,5	1920 Juli 20	331
4	ϱ Persei	2 59	+38 ,5	3,4	4,2	—	Irregulär
5	β Persei (Algol)	3 2	+40 ,6	2,2	3,5	1920 Dez. 9,58	2,8673
6	λ Tauri (Algoltypus)	3ʰ 55ᵐ	+12°,2	3ᵐ,3	4ᵐ,2	1908 Jan. 4,1578	3,9529
7	ε Aurigae	4 55	+43 ,7	3,4	4,1	—	Irregulär
8	δ Orionis	5 27	− 0 ,4	2,2?	2,7?	—	"
9	α Orionis	5 50	+ 7 ,4	1	1,4	—	"
10	η Geminor.	6 9	+22 ,5	3,2	3,7—4,2	—	231,4?
11	ζ Geminor.	6 58	+20 ,7	3,7	4,5	1888 Jan. 3,64	10,1538
12	U Hydrae	10 33	−12 ,9	4,5	6,1—6,3	—	Irregulär
13	R Hydrae	13 24	−22 ,8	3,5—5,5	9,7	1920 Nov. 28	425,1
14	δ Librae	14 56	− 8 ,1	4,8	6,2	1908 Jan. 0,6389	2,3273
15	α Herculis	17 10	+14 ,5	3,1	3,9	—	Irregulär
16	u Herculis	17 14	+33 ,2	4,6	5,4	1904 Febr. 27,5	2,0510
17	R Scuti	18 42	− 5 ,8	4,7—5,7	6—9	—	71—151?
18	β Lyrae	18 46	+33 ,3	3,4	4,2	1855 Jan. 6,65	12,9080
19	R Lyrae	18 52	+43 ,8	4,0	4,7	—	46,4
20	χ Cygni	19 47	+32 ,7	4,0—6,5	13,5	1920 Juli 16	406
21	η Aquilae	19 47	+ 0 ,8	3,5	4,7	1848 Mai 20,67	7,1764
22	S Sagittae	19 52	+16 ,4	5,6	6,4	—	8,383
23	T Vulpex	20 47	+27 ,9	5,5	6,5	—	4,436
24	T Cephei	21 8	+68 ,1	5,2—6,8	8—10	1920 März 3	387
25	W Cygni	21 32	+44 ,9	5,0—6,3	6,7	—	131,5
26	μ Cephei	21 40	+58 ,3	4?	5?	—	Irregulär
27	δ Cephei	22 25	+57 ,9	3,7	4,6	1840 Sept. 26,49	5,366427
28	β Pegasi	22 59	+27 ,5	2,2	2,7	—	Irregulär

Sterne. Für den Algol ist sogar unter Zuhilfenahme weiterer beobachtbaren Größen des Umlaufs die Größe und Masse des Systems der beiden Körper berechnet. Scheiner in Potsdam hat dafür folgende Werte gefunden:

> Durchmesser des Hauptsterns 1 700 000 km
> Durchmesser des Begleiters . 1 330 000 „
> Distanz der Mittelpunkte . . 5 180 000 „
> Bahngeschwindigkeit Algols . . . . 42 „ in der Sek.
> Bahngeschwindigkeit des Begleiters 89 „ „ „ „
> Masse der beiden Körper ⁴/₉ und ²/₉ der Sonnenmasse.

Zu den veränderlichen Sternen zählt rein äußerlich eine andere Art von Sternen, die in physischer Hinsicht nichts mit ihnen gemeinsam haben, die sogenannten neuen Sterne. Es sind dies plötzlich aufleuchtende Sterne, die manchmal von großem Glanze gewesen sind, die aber sehr bald verblassen, um schließlich bei einer kleinen Größe wieder stehen zu bleiben oder auch ganz zu verschwinden. Jeder der mit dem Himmel gut vertraut ist, könnte einmal die Entdeckung eines neuen Sterns machen, wenngleich die Wahrscheinlichkeit dafür gering ist. Natürlich müßte der Entdecker irgendeine Sternwarte davon benachrichtigen, falls er sicher ist, daß an der Stelle kein so heller Fixstern oder Planet stehen kann. So sah Tycho de Brahe 1572 einen sehr hellen Stern in der Kassiopeia aufflammen, der bald an Helligkeit abnahm und heute verschwunden ist. Mit der Helligkeitsabnahme war eine Änderung der Farbe von Weiß zum Gelb zum Rot verbunden. Ein neuer Stern war die Anfang Juni 1918 entdeckte „Nova Aquilae", deren Aufleuchten innerhalb weniger Tage erfolgt sein muß. Schon am 9. Juni war der Stern heller als 1. Größe, um dann schwach auf und ab pendelnd abzunehmen. Wahrscheinlich handelt es sich bei den neuen Sternen um dunkle Sterne, die in Gas- oder kosmische Staubmassen hineingeraten und ins Glühen kommen, wie die Sternschnuppen in der Erdatmosphäre. Andere nehmen an, daß auf einem dunklen Stern ein plötzlicher gewaltiger Ausbruch stattgefunden habe, wieder andere, daß zwei dunkle Himmelskörper einander begegnet seien, wobei durch die gegenseitige Anziehung auf beiden gewaltige Flutwirkungen hervorgerufen werden, durch die die Ausbrüche innerer glühender Massen verursacht werden. Dabei ist ja zunächst gar nicht gesagt, daß sich alle neuen Sterne durch dieselbe Theorie erklären lassen müssen, der Gründe für das Aufleuchten könnten verschiedene sein. Für die mit allen modernen Hilfsmitteln beobachtete Nova Persei hat aber die zuerst genannte Erklärungsart, Eintreten in eine kosmische Gas- oder Staubwolke, die größte Wahrscheinlichkeit: dieser Stern zeigte nämlich auf Photographien deutlich das Auftreten zweier Nebelringe, die von dem Stern als Mittelpunkt sich ausbreiteten, was sich zwanglos als das Sichtbarwerden der Gas- oder Staubwolke beim Aufflammen des Sterns erklären ließe.

Ferner spricht für die obige Theorie, daß alle neuen Sterne spektralanalytisch schließlich dasselbe Spektrum zeigen wie die zahlreichen am Himmel bekannten Gasnebel. Endlich haben die Beobachter auch bei früheren neuen Sternen ein nebelhaftes Aussehen feststellen können.

Bisher sind seit der Nova des Tycho etwa 19 neue Sterne entdeckt. Die Zahl der neuen Sterne ist danach keine allzu kleine, doch sind größere Helligkeiten sehr selten. Die in letzter Zeit gefundenen kleinen neuen Sterne sind photographisch entdeckt.

Die Farbe der Fixsterne.

Schon bei der Einteilung der Veränderlichen stellten wir fest, daß gewisse Sterne sich durch eine rote Farbe vor den anderen auszeichnen. Bei genauerem Hinsehen ist unschwer zu erkennen, daß natürlich keine scharfe Trennung zwischen weißen und roten Sternen vorhanden ist, sondern daß ein allmählicher Übergang von Weiß durch Gelb und Orange zu tiefem Rot stattfindet. Es wird wichtig sein, diesen Unterschieden in der Farbe Aufmerksamkeit zu schenken, da wir hoffen können, der Natur der Sterne auf die Spur zu kommen. Daß die Fixsterne selbstleuchtend sind, geht schon daraus hervor, daß wir den sie beleuchtenden Körper ja sonst sehen müßten. Ein Unterschied zwischen weiß-, gelb- und rotleuchtenden Körpern ist uns aber auf der Erde als Weißglut, Gelbglut, Rotglut geläufig. Wir werden also nach der Farbe der Fixsterne den Grad ihrer Glut — ihre Temperatur — beurteilen können. Es hat also mehr als nur formalen Zweck, die Farbe der Sterne zu untersuchen.

Dabei zeigen sich folgende Schwierigkeiten: unser Auge ist bei leuchtenden Flächen sehr wohl imstande, feinste Farbenunterschiede zu erkennen, schwerer jedoch ist ihm dies für punktförmige Objekte möglich. Ferner kommt bei den Sternen eine verschiedene Empfindlichkeit unseres Auges für verschiedene Farben hinzu: Blau hat einen anderen Farbenwert als Rot — Gelb ist uns die hellste Farbe. Es liegt das vielleicht begründet in der Farbenhelligkeit des Sonnenlichts, in dem Gelb vorherrscht an Helligkeit. Dieses Verhältnis ändert sich jedoch, sobald schwache farbige Lichteindrücke ins Auge gelangen. Schneidet man sich aus mattem rotem, grünem und blauem Papier Stücke aus und beleuchtet sie am Abend durch eine Kerze aus allmählich immer größerer Entfernung, so ist das Auge bald nicht mehr imstande, das rote Papier zu erkennen, dann verschwindet Blau, Grün bleibt noch gut sichtbar. Man nennt diese Erscheinung das Purkinjesche Phänomen. Wenn das rote und blaue Papier noch gerade sichtbar ist, wird das Auge andererseits nicht mehr imstande sein, ihre Farbe anzugeben: alle drei erscheinen farblos.

Dazu kommt eine Tatsache, begründet in dem Bau des menschlichen Auges, das drei verschiedene Elemente zum Sehen enthält: die Zäpfchen mit dem Sehpurpur und die Stäbchen ohne ihn. Der Sehpurpur soll nach v. Kries der Vermittler der Farben sein, während die Stäbchen nur Hell und Dunkel unterscheiden können, für diesen Unterschied aber empfindlicher sind. Danach werden schwächste Lichteindrücke eben nur die Stäbchen reizen und als farblos empfunden werden.

Auf unseren Zweck übertragen heißt das: schwache Sterne werden als grünlich oder sogar ganz farblos empfunden werden. Erst bei einer gewissen Größe werden Farbenunterschiede erkannt. Diese Grenze scheint für das bloße Auge zwischen der 3. und 4. Größenklasse zu liegen, für jeden Beobachter individuell verschieden.

Bei der Schätzung der Farbe bedient man sich zunächst der einfachen Bezeichnungen: weiß, gelbweiß, gelb, gelbrot, rot. Statt dessen kann man auch die Übergänge nach Zahlen ausdrücken, z. B. in 10 Stufen. Doch sind genaue Schätzungen sowieso unmöglich. Farbenänderungen sind bisher an Sternen nicht nachweisbar gewesen, für α Urs. maj. wurde es behauptet. Für Sirius scheint eine Farbänderung stattgefunden zu haben, da er im Altertum rot genannt wird, während er heute weiß ist. — Dabei hat man sich jedoch stets bewußt zu sein, daß die Farbe eines Sternes auch von seiner Stellung zum Horizont abhängt, ja sogar von dem gerade herrschenden Luftzustande. Die bei dem Flimmern der Sterne auftretenden Farben sind natürlich nicht wirkliche.

Zunächst wird man die Farbe der helleren Sterne selbständig zu schätzen suchen. Durch Vergleich der Sterne untereinander wird man die Tiefe der Rötung bestimmen können; so kann man im Winter Prokyon, Aldebaran und Beteigeuze vergleichen und leicht feststellen, daß Beteigeuze am tiefsten rot erscheint. Ein Opernglas leistet gute Dienste, da die Sterne heller erscheinen, doch muß es frei von Farbenfehlern sein, was man bei hellen, weißen Sternen (Sirius, Capella, Wega) untersuchen kann. Besonderes Interesse verdient wegen seiner Farbe der Veränderliche o Mira Ceti. Aber auch Beteigeuze und α Ursae maj. verfolge man.

Doppelsterne, Sternhaufen, Nebelflecke.

Die Verteilung der Sterne am Himmel scheint eine ziemlich regellose zu sein. Es ist daher nicht verwunderlich, daß zwei Sterne einander so nahe stehen können, daß nur noch gute Augen oder auch nur starke Ferngläser sie als 2 getrennte Sterne wahrnehmen. Das klassische Beispiel für einen solchen „Doppelstern" ist der mittlere Deichselstern des Großen Wagens, Mizar, über dem ein Sternchen als „Begleiter" steht, Alkor oder das Reiterchen genannt. Oft hört man, daß gute Augen dazu gehören sollen, diese beiden Sterne als getrennt zu sehen. Das ist jedoch falsch, nur ganz schlechte Augen können diesen Begleiter nicht erkennen. Schwieriger ist schon das Erkennen zweier Sterne in den Hyaden unmittelbar bei Aldebaran, in der Abb. 11 die Sterne σ_1 und σ_2, sie sind 7' im Winkelmaß voneinander entfernt. ϑ_1 und ϑ_2 in demselben Sternhaufen sind nur 6' voneinander entfernt. Gute Augen müssen beide Sternpaare getrennt sehen. Noch schwieriger und wohl die äußerste Leistung für das unbewaffnete Auge sind die Sterne ε und 5 nahe dem sehr hellen Stern α Lyrae, Wega. Die Abb. 12

Abb. 11. Die Hyaden.

Abb. 12. Die Umgebung von α Lyrae (Wega).

zeigt ein Kärtchen der Gegend, in der auch noch das leichter zu erkennende Paar $\delta_1 \delta_2$ vorkommt. ε und 5 haben nur $3',5$ Abstand; wenn man nun bedenkt, daß Alkor und Mizar $12'$ Abstand haben, so ergibt sich, daß die Trennung dieses Paares wirklich kein Beweis für gute Augen ist.

Aber nicht nur Paare von Sternen entdecken wir, es gibt deren ganze Haufen, wie ja schon die Abbildung der **Hyaden** beweist. Die Hyaden bestehen dabei noch aus ziemlich weit zerstreuten Sternen. Schon gedrängter sind die Sterne der Plejaden, im Sternbild des **Stiers**, angeordnet. Gute Augen erkennen 6—7 Sterne, doch sollen vorzügliche Augen noch mehr erkennen. Von den Plejaden ist es nur noch ein Schritt zu den Sternhaufen, deren Sterne so eng stehen, daß das Auge sie nicht mehr einzeln erkennt. Dann sieht man ein nebelhaftes Fleckchen. Solcher Sternhaufen gibt es eine große Zahl. Zu den am leichtesten erkennbaren zählt der oder besser die Sternhaufen im Perseus, der in klaren Winternächten auffällig zu sehen ist. Das Fernrohr zerlegt beide Haufen in Tausende kleiner Sterne. Daneben gibt es aber auch solche nebelhafte Gebilde, die selbst in den größten Fernröhren nicht in Sterne auflösbar sind, entweder weil die Sterne zu eng stehen und einzeln nicht erkannt werden, oder weil das Gebilde nicht aus einzelnen Sternen, sondern aus einer Gasmasse besteht. Vertreter der ersten Art ist der Sternhaufen in der Andromeda, Vertreter der zweiten Art der Orionnebel, beide mit bloßen Augen erkennbar. Was die Photographie bei beiden zutage gefördert, zeigen Abb. 13 u. 14.

Die Beobachtung der Sternhaufen und Nebel mit bloßem Auge erfordert einen völlig klaren Himmel und vor jedem Licht geschützten Beobachtungsort (keine Straßenlaternen). Unter günstigen Umständen ist aber eine große Zahl solcher Gebilde mit bloßem Auge erkennbar. Diese sind in der Sternkarte verzeichnet. Eine Untersuchung, ob diese alle sichtbar sind, wäre nützlich.

Die Zahl der mit bloßem Auge sichtbaren Nebel ist verschwindend klein gegen die Zahl der in großen Fernrohren auftauchenden. Der vollständigste Nebelkatalog, der New General Catalogue, zählt über 7000 solcher Gebilde. Wenn nun auch die helleren Nebel, wie der Orionnebel, in großen Fernrohren deutliche Einzelheiten zeigen, so blieb doch im großen und ganzen der Ruhm der eigentlichen Erkenntnis über die Nebel der Himmelsphotographie vorbehalten. Schon die ersten Photographien zeigten viel mehr, als an den größten Fern-

Abb. 13. Andromedanebel.

74   V. Der Sternhimmel

Abb. 14. Orionnebel (rechts ist Norden).

rohren zu sehen ist. Heute werden besonders auf amerikanischen Stern=
warten von Ritchey, in Deutschland von Wolf in Heidelberg Nebel
photographiert. Abb. 13 zeigt den Andromedanebel nach einer Rit=
cheyschen Photographie. Dieser Erfolg der Photographie beruht auf
der Tatsache, daß die photographische Platte imstande ist, Lichtein=
drücke zu summieren: je länger man exponiert, desto schwächere
Lichteindrücke treten im Bilde zutage; dem Auge fehlt diese Fähig=
keit. Auf dem Bilde des Andromedanebels tritt das hervor, was
zuerst Lord Rosse an den Nebeln entdeckte, nämlich die sogen. „spiralige"
Struktur. Solcher Spiralnebel gibt es eine große Anzahl am Himmel;
sie haben uns neue Ansichten über die Bildung von Weltsystemen
gelehrt. Heute denkt man sich auch unser Sonnensystem entstanden aus
einem solchen Spiralnebel. Jede Windung hat dann einen Planeten
geliefert, dem zentralen Kern würde die Sonne ihr Dasein verdanken.

Bei der Abbildung des Andromedanebels sieht man ohne Mühe, daß das ganze Gebilde die Gestalt einer flachen Scheibe hat. Der Andromedanebel ist aber in Wirklichkeit ein Sternhaufen, dessen Sterne nur zu klein oder zu weit entfernt sind, um einzeln erkannt zu werden. Denken wir uns nun etwa in die Mitte dieses Gebildes hinein, so würden wir von seiner wahren Spiralform kaum noch etwas erkennen können, sondern ringsherum in einem Kreise um uns würden wir die Sterne sich drängen sehen. Liegen zwei Windungen nicht genau in einer Ebene, so würden wir dazwischen hindurch in den leeren Raum, also Dunkelheit sehen. Derartiges aber sieht man tatsächlich von der Erde aus: rings um den ganzen Himmel zieht sich ein leuchtendes Band, bestehend aus vielen Sternen; je näher diesem Bande, desto zahlreicher werden die Sterne. Wir nennen dieses Band die Milchstraße, und es ist nach Obigem höchst wahrscheinlich, daß die Milchstraße selbst ein spiraliger Sternhaufen ist, zu dem aber auch unsere Sonne als Mitglied und wir selbst — wenn auch nur als dunkler Planet — gehören. Diese Ansicht wird durch die Form der Milchstraße noch mehr unterstützt. Doch sehen wir uns einmal die Milchstraße selbst erst an.

In klaren Winternächten strahlt sie als mildes Licht auf uns herab, den Himmel umspannend. Schwerer ist sie im Sommer sichtbar, wenigstens in nördlichen Breiten, wo die Mitternachtsdämmerung oft so stark ist, daß der Himmel hell wie bei Vollmond durchleuchtet ist. Dann verblaßt natürlich der schwache Schimmer der Milchstraße. Die Milchstraße war schon den Alten bekannt. Man hielt sie für die Stelle, an der die beiden Himmelshälften zusammengeschmiedet sind, so daß das himmlische Feuer noch hindurchschimmere.

Leider haben die Alten keine genauen Zeichnungen der Milchstraße uns hinterlassen. Überhaupt ist es schlecht um diese bestellt. Einige Zeichnungen von Heis u. a. sind vorhanden, auch hat man in neuester Zeit durch Photographie mit ganz kleinem Apparat ihr Erscheinen wie im bloßen Auge festhalten wollen. Immerhin kann ein gutes Auge durch eine selbständige und genaue Zeichnung der Milchstraße Anerkennenswertes leisten. Natürlich sind nur die klarsten Nächte für diesen Zweck geeignet.

Bald fällt bei sorgfältigem Betrachten der Milchstraße eine Teilung in zwei Arme auf, im Sternbild des Schwans beginnend, durch den Adler, Schild und Schlange laufend. Der östliche Arm ist der hellere. Dunkle Inseln bildet sie auch in der Kassiopeja und im Cepheus, während auch Ausläufer z. B. im Perseus erkennbar sind.

V. Der Sternhimmel

Gerade die dunklen Stellen sind es, die den Gedanken stützen, daß die Milchstraße ein großer Sternhaufen gleich dem Andromedanebel sei, nur daß wir selbst mitten darin uns befinden.

Verzeichnis der hellen Sterne bis 130° Polabstand und 3,0 Größe.

Kat. Nr.	Bezeichnung des Sterns	Größe und Farbe	Mittlere Rektaszension (1920)	Jährliche Veränderung	Mittlere Deklination (1920)	Jährliche Veränderung
			h m s	s	° ′	″
1	21 α Andromedae	2,1 W	0 4 15	+ 3,1	+ 28 39	+ 20
2	11 β Cassiopejae	2,2	4 54	+ 3,2	+ 58 43	+ 20
3	88 γ Pegasi	2,7	9 7	+ 3,1	+ 14 44	+ 20
4	α Cassiopejae	2,2 var.	35 57	+ 3,4	+ 56 6	+ 20
5	16 β Ceti	2,2 G	39 34	+ 3,0	− 18 26	+ 20
6	27 γ Cassiopejae	2,0	51 52	+ 3,6	+ 60 17	+ 20
7	43 β Andromedae	2,1 OG	1 5 15	+ 3,4	+ 35 12	+ 19
8	37 δ Cassiopejae	2,7	20 34	+ 3,9	+ 59 49	+ 19
9	α Ursae min.	2,0	31 41	+ 29,782	+ 88 53	+ 18,463
10	6 β Arietis	2,7	50 13	+ 3,3	+ 20 25	+ 18
11	57 γ Andromedae	2,1	58 59	+ 3,7	+ 41 57	+ 17
12	13 α Arietis	2,0	2 2 40	+ 3,4	+ 23 5	+ 17
13	β Trianguli	3,0	4 47	+ 3,6	+ 34 37	+ 17
14	68 o Ceti¹)	var. RG	15 18	+ 3,0	− 3 20	+ 16
15	92 α Ceti	2,5 G	58 6	+ 3,1	+ 3 47	+ 14
16	23 γ Persei	3,0	58 59	+ 4,3	+ 53 12	+ 14
17	26 β Persei²)	2,2 var.	3 2 57	+ 3,9	+ 40 39	+ 14
18	33 α Persei	1,9	18 36	+ 4,3	+ 49 35	+ 13
19	39 δ Persei	3,0	37 13	+ 4,3	+ 47 32	+ 12
20	25 η Tauri	3,0	42 44	+ 3,6	+ 23 52	+ 11
21	44 ζ Persei	2,9	49 6	+ 3,8	+ 31 39	+ 11
22	45 ε Persei	3,0	52 29	+ 4,0	+ 39 47	+ 11
23	34 γ Eridani	3,0 O	54 18	+ 2,8	− 13 44	+ 10
24	87 α Tauri³)	1,0 RG	4 31 20	+ 3,4	+ 16 21	+ 7
25	3 ι Aurigae	2,7	51 47	+ 3,9	+ 33 2	+ 6
26	67 β Eridani	2,7	5 3 55	+ 2,9	− 5 11	+ 5
27	19 β Orionis⁴)	1,0	10 42	+ 2,9	− 8 18	+ 4
28	13 α Aurigae⁵)	0,5	10 47	+ 4,4	+ 45 55	+ 4

1) Mira. 2) Algol. 3) Aldebaran. 4) Rigel. 5) Capella.

Sternverzeichnis 0ʰ—10ʰ

Kat. Nr.	Bezeichnung des Sternes	Größe und Farbe	Mittlere Rektaszension (1920) h m s	Jährliche Veränderung s	Mittlere Deklination (1920) ° ′	Jährliche Veränderung ″
29	24 γ Orionis	1,7	5 20 50	+ 3,2	+ 6 17	+ 3
30	112 β Tauri	1,8	21 14	+ 3,8	+ 28 32	+ 3
31	9 β Leporis	2,9	24 49	+ 2,6	− 20 49	+ 3
32	34 δ Orionis	2,2	27 55	+ 3,0	− 0 21	+ 3
33	11 α Leporis	2,6	29 12	+ 2,6	− 17 53	+ 3
34	44 ι Orionis	2,8	31 31	+ 2,9	− 5 58	+ 2
35	46 ε Orionis	1,6	32 9	+ 3,0	− 1 15	+ 2
36	123 ζ Tauri	3,0	32 52	+ 3,6	+ 21 6	+ 2
37	50 ζ Orionis	1,8	36 43	+ 3,0	− 1 59	+ 2
38	α Columbae....	2,4	36 45	+ 2,2	− 34 7	+ 2
39	53 κ Orionis	2,1	43 58	+ 2,8	− 9 42	+ 1
40	β Columbae....	2,9	48 8	+ 2,1	− 35 48	+ 1
41	58 α Orionis¹)....	1,0 GR	50 50	+ 3,2	+ 7 24	+ 1
42	34 β Aurigae	1,9	53 40	+ 4,4	+ 44 56	+ 0,5
43	37 ϑ Aurigae	2,7	54 16	+ 4,1	+ 37 12	+ 0,4
44	1 ζ Canis maj....	2,9	6 17 14	+ 2,3	− 30 2	− 1,5
45	13 μ Geminorum ..	2,9	18 7	+ 3,6	+ 22 33	− 1,7
46	2 β Canis maj....	2,0	19 11	+ 2,6	− 17 55	− 1,7
47	24 γ Geminorum ..	2,0	33 5	+ 3,5	+ 16 28	− 3
48	9 α Canis maj.²)..	− 1,4	41 37	+ 2,6	− 16 36	− 5
49	21 ε Canis maj....	1,5	55 29	+ 2,4	− 28 52	− 5
50	25 δ Canis maj....	1,9	7 5 8	+ 2,4	− 26 16	− 6
51	π Argus	2,5	14 19	+ 2,1	− 36 57	− 6
52	31 η Canis maj....	2,4	20 56	+ 2,4	− 29 9	− 7
53	3 β Canis min....	2,9	22 49	+ 3,3	+ 8 27	− 7
54	66 α Gemini³)	1,8	29 30	+ 3,8	+ 32 4	− 8
55	10 α Canis min.⁴)..	0,5	35 7	+ 3,1	+ 5 26	− 9
56	78 β Gemini⁵)	1,1 G	40 25	+ 3,7	+ 28 13	− 9
57	ζ Argus	2,2	8 0 46	+ 2,1	− 39 47	− 10
58	15 i Navis (ϱ)....	2,8	4 8	+ 2,6	− 24 4	− 10
59	9 ι Ursae maj....	2,9	53 44	+ 4,1	+ 48 21	− 14
60	30 α Hydrae	2,0 G	9 23 40	+ 2,9	− 8 19	− 16
61	17 ε Leonis.......	3,0	41 19	+ 3,4	+ 24 9	− 17
62	32 α Leonis⁶)	1,3	10 4 7	+ 3,2	+ 12 22	− 18
63	41 γ Leonis.......	2,2	15 34	+ 3,3	+ 20 15	− 18
64	34 μ Ursae maj....	3,0 G	10 17 34	+ 3,6	+ 14 54	− 18
65	48 β Ursae maj....	2,3	57 1	+ 3,6	+ 56 49	− 19

1) Beteigeuze.   2) Sirius.   3) Castor.
4) Procyon.   5) Pollux.   6) Regulus.

Kat. Nr.	Bezeichnung des Sternes	Größe und Farbe	Mittlere Rektaszension (1920)	Jährliche Veränderung	Mittlere Deklination (1920)	Jährliche Veränderung
			h m s	s	° ′	″
66	50 α Ursae maj.....	1,8 G?	58 48	+3,7	+62 11	−19
67	52 ψ Ursae maj.....	3,0 O	11 5 10	+3,4	+44 56	−20
68	68 δ Leonis........	2,4	9 51	+3,2	+20 58	−20
69	94 β Leonis........	2,1	44 59	+3,0	+15 1	−20
70	64 γ Ursae maj.....	2,3	49 38	+3,2	+54 8	−20
71	4 γ Corvi.........	2,4	12 11 41	+3,1	−17 6	−20
72	7 δ Corvi.........	2,8	25 43	+3,1	−16 4	−20
73	9 β Corvi.........	2,6 G	30 11	+3,1	−22 57	−20
74	29 γ Virginis......	2,6	37 36	+3,0	− 1 1	−20
75	77 ε Ursae maj.....	1,7	50 31	+2,6	+56 24	−20
76	12 α Canum ven....	2,8	52 17	+2,8	+38 45	−19
77	47 ε Virginis......	2,8	58 12	+3,0	+11 23	−19
78	79 ζ Ursae maj.....	2,2	13 20 42	+2,4	+55 21	−19
79	67 α Virginis¹)....	1,1	20 59	+3,2	−10 45	−19
80	85 η Ursae maj....	1,8	44 23	+2,4	+49 43	−18
81	8 η Bootis........	2,8	50 53	+2,9	+18 48	−18
82	5 ϑ Centauri......	2,1	14 1 58	+3,5	−35 59	−18
83	16 α Bootis²)......	0,3	12 1	+2,7	+19 36	−19
84	27 γ Bootis........	2,9	28 51	+2,4	+38 39	−16
85	36 ε Bootis........	2,7 G	41 30	+2,6	+27 25	−15
86	9 α₂ Librae.......	2,7	46 27	+3,3	−15 43	−15
87	7 β Ursae min.....	2,0 G	50 55	−0,2	+74 29	−15
88	27 β Librae........	2,5	15 12 42	+3,2	− 9 5	−13
89	13 γ Ursae min.....	3,0	20 51	−0,1	+72 7	−13
90	5 α Coronae³)....	2,2	31 18	+2,5	+26 59	−12
91	24 α Serpentis.....	2,5	40 20	+3,0	+ 6 41	−11
92	6 π Scorpii.......	3,0	54 0	+3,6	−25 53	−11
93	δ Scorpii.......	2,3	55 36	+3,5	−22 24	−10
94	8 β Scorpii.......	2,6	16 0 47	+3,5	−19 35	−10
95	1 δ Ophiuchi.....	2,8 R	10 9	+3,1	− 3 29	− 9
96	20 σ Scorpii.......	3,0	16 16 19	+3,6	−25 24	− 9
97	14 η Draconis.....	2,7	22 54	+0,8	+61 42	8
98	21 α Scorpii⁴).....	1,2	24 30	+3,7	−26 15	− 8
99	27 β Herculis.....	2,6 G	26 47	+2,6	+21 40	− 8
100	23 τ Scorpii.......	2,9	30 54	+3,7	−28 3	− 8

1) Spica.   2) Arktur.   3) Gemma.   4) Antares.

Sternverzeichnis 11ʰ—21ʰ

Kat. Nr.	Bezeichnung des Sterns	Größe und Farbe	Mittlere Rektaszension (1920) h m s	Jährliche Veränderung s	Mittlere Deklination (1920) ° ′	Jährliche Veränderung ″
101	13 ζ Ophiuchi	2,6	32 45	+ 3,3	— 10 24	— 7
102	26 ε Scorpii	2,3	44 59	+ 3,9	— 34 9	— 7
103	35 η Ophiuchi	2,4	17 5 47	+ 3,4	— 15 38	— 5
104	22 ζ Draconis	3,0	8 33	+ 0,2	+ 65 49	— 4
105	64 α Herculis	3,0 var. R	11 0	+ 2,7	+ 14 29	— 4
106	65 δ Herculis	4,0	11 45	+ 2,5	+ 24 56	— 4
107	34 υ Scorpii	2,8	25 19	+ 4,0	— 37 14	— 3
108	35 λ Scorpii	1,7	28 10	+ 4	— 37 3	— 3
109	23 β Draconis	2,7	28 37	+ 1,4	+ 52 22	— 3
110	55 α Ophiuchi	2,1	31 13	+ 2,8	+ 12 37	— 3
111	κ Scorpii	2,5	36 57	+ 4,1	— 38 59	— 2
112	60 β Ophiuchi	2,8 G	39 31	+ 3,0	+ 4 36	— 2
113	33 γ Draconis	2,3 G	54 45	+ 1,4	+ 51 30	— 0,5
114	10 γ Sagittarii	3,0	18 0 40	+ 3,9	— 30 26	0
115	19 δ Sagittarii	2,7 R	15 52	+ 3,8	— 29 52	+ 1
116	20 ε Sagittarii	1,9	18 52	+ 4,0	— 34 25	+ 1,5
117	22 λ Sagittarii	2,8 R	23 2	+ 3,7	— 25 28	+ 2
118	3 α Lyrae[1]	0,4	34 14	+ 2,0	+ 38 43	+ 3
119	34 σ Sagittarii	2,1	50 18	+ 3,7	— 26 24	+ 4
120	38 ζ Sagittarii	2,7 O	57 31	+ 3,8	— 30 0	+ 5
121	17 ζ Aquilae	3,0	19 1 44	+ 2,8	+ 13 45	+ 5
122	41 π Sagittarii	2,9	5 0	+ 3,6	— 21 9	+ 6
123	57 δ Draconis	3,0	12 32	0,0	+ 67 31	+ 6
124	6 β Cygni	3,0 O	27 30	+ 2,4	+ 27 47	+ 7
125	50 γ Aquilae	2,7 G	42 27	+ 2,9	+ 10 25	+ 9
126	18 δ Cygni	2,8	42 28	+ 1,9	+ 44 56	+ 9
127	53 α Aquilae[2]	1,2	49 53	+ 2,6	+ 8 39	+ 9
128	37 γ Cygni	2,3	20 16 21	+ 2,2	+ 40 0	+ 11
129	50 α Cygni[3]	1,5	38 42	+ 2,0	+ 45 0	+ 13
130	53 ε Cygni	2,4	42 58	+ 2,4	+ 33 40	+ 13
131	5 α Cephei	2,5	21 16 40	+ 1,4	+ 62 15	+ 15
132	22 β Aquarii	2,9	27 21	+ 3,2	— 5 55	+ 16
133	8 ε Pegasi	2,3 G	40 15	+ 2,9	+ 9 30	+ 16

1) Wega.   2) Ataïr.   3) Deneb.

6*

Kat. Nr.	Bezeichnung des Sterns	Größe und Farbe	Mittlere Rektaszension (1920)	Jährliche Veränderung	Mittlere Deklination (1920)	Jährliche Veränderung
			h m s	s	° ′	″
134	49 δ Capricorni	2,8	42 38	+3,3	— 16 29	+16
135	γ Gruis	3,0	49 5	+3,6	— 37 45	+17
136	34 α Aquarii	2,9	22 1 41	+3,1	— 0 43	+17
137	44 η Pegasi	2,9	39 15	+2,8	+ 29 48	+19
138	24 α Piscis austr.¹) .	1,2	53 14	+3,3	— 30 3	+19
139	β Pegasi	2,4 GR	59 54	+2,9	+ 27 39	+19
140	α Pegasi	2,4	13 0 46	+3,0	+ 14 46	+19

1) Fomalhaut.

VI. Die Sonne.

Wer hat nicht schon einmal den majestätischen Feuerball, dem wir alle Wärme und damit alles Leben auf unserer Erde verdanken, sich mit absoluter Ruhe über den Horizont langsam erheben sehen, wer hat nicht jenen heiligen Schauer der Weihe dabei empfunden, etwas Großes, etwas Erhabenes erleben zu dürfen, dagegen alles Menschliche in ein kleines Nichts zusammenschmilzt. Wer hat nicht in solchen Augenblicken tief zu schauen geglaubt in die wundersame, satte Ruhe der Natur, hat nicht geglaubt, des Seins letztes Inneres zu erfassen: aufgehen und leuchten und versinken, Licht und Leben spenden und erkalten. Das Menschenherz überkommt ein Teil jener großen Ruhe des Weltalls, jener Ordnung, in der alles sein Gesetz, seine Bahn hat, mag das Ganze noch so regellos erscheinen.

Der Sonne wollen wir noch etwas mehr nachforschen. Sie ist unsere Allmutter; es ist eine Pflicht der Dankbarkeit, uns mit ihrem Leben vertraut zu machen.

Nicht immer fühlten die Menschen ihre Abhängigkeit von dem großen Glutball, die Erde glaubten sie dem Augenschein nach in den Angelpunkt der Welt gesetzt; sie war unermeßlich groß, die Sonne und Sterne ihre Diener. Es ist schön zu lesen, wie dieser Irrtum Jahrhunderte lang von knifflichen Köpfen verteidigt wurde, bis mit des Mittelalters lastender Schwere auch dieser selbstherrliche Standpunkt fiel, durch einen schlichten Deutschen, den Domherren von Frauenburg, Köppernik. Wenn ein Mann die Wende des Denkens von der antiken und mittelalterlichen Weise zur neuzeitlich klaren Forschung bezeichnen soll, so muß es dieser kühne Denker sein, der einen tiefen Blick getan hatte in des Weltalls Ordnung, der sich nicht scheute, zu den kühnsten Annahmen zu greifen, wenn sie in sein „System" hineingehörten. Wir werden Kopernikus ja noch oft erwähnen, hier ist er uns in seiner vollen Größe sofort entgegengetreten: die aufgehende Sonne, die sich langsam im Osten erhebt, er hieß sie stillstehen, und sah, daß die gewaltige Masse der Erde statt dessen in der umgekehrten Richtung sich gegen sie herumwälze. Wenn überhaupt, so glaube ich, kann man sich bei Sonnenaufgang die wahre Drehung der Erde, wie wir sie unter den Füßen haben, vorstellen. Alle Kulturmenschen würden es für eine Art Verletzung ihrer Ehre ansehen, wenn man ihnen Unkenntnis der Erddrehung zumutete; aber wie wenige haben einmal versucht, sich die Wahrheit vorzustellen: nicht mit dem geistigen Auge, wo man so ein kleines Tellurium dann sieht, aber keine Wirklichkeit, nein: der Boden, auf dem wir stehen, mit seinen Kirchen, Bergen, Flüssen wälzt sich der aufgehenden Sonne entgegen. Dann erst faßt man das Riesige der Tatsache.

Ohne dies wäre es unverständlich, warum man die naheliegende Wahrheit so lange verschleiert sah. —

Doch nun zurück zur Beobachtung: die tägliche Bahn der Sonne ist uns bereits geläufig, wir haben sie zur Zeitmessung schon benutzt. Doch ist hier noch einiges nachzutragen, was uns sonst Unerklärliches in spätere Beobachtungen hineintrüge. Auffällig an der auf- oder untergehenden Sonne ist meist ihre rote Färbung und ihre von der Kreisform stark abweichende längliche Gestalt. Die rote Färbung verdanken wir unserer Luft, die wie ein rotes Glas wirkt, das hauptsächlich rotes und gelbes Licht durchläßt, das grüne und vor allem das blaue zurückhält. Am Mittag ist der Weg, den das Sonnenlicht durch die Luft zurücklegt, also die Dicke des Glases, sehr viel geringer als am Abend, auch ist die Luft durch den über der Erde lagernden Wasserdampf in den tieferen Schichten stärker gefärbt. Der Widerspruch, warum denn die Luft im allgemeinen blau aussieht, ist genau besehen keiner. Denn die blaue Farbe verdankt einer ganz anderen Erscheinung ihr Entstehen, der sog. Atomdiffraktion, einer Zerstreuung des Lichts an den Atomen der Luft, wobei die blauen Farben bevorzugt werden. — Wie aber entsteht die Verzerrung der Kreisform?

Daß es wieder unsere Luft ist, ist selbstverständlich. In der Tat fallen die Sonnenstrahlen im Horizont schief auf unseren Luftmantel auf, werden also gebrochen, von ihrem geraden Wege nach dem Einfallslot zu. Diese Brechung nennen wir die „atmosphärische Strahlenbrechung", sie wirkt in jeder Höhe eines Gestirnes, nur im Zenit ist sie Null; gegen den Horizont nimmt sie stark zu, so daß sie für den Horizont nach der Tafel auf Seite 3 34' 54" im Mittel beträgt, während sie für eine Höhe von 0° 30' nur 29' 8" beträgt. Steht der untere Sonnenrand im Horizont, so wird er um fast 35' gehoben, der obere Sonnenrand steht dann in einer Höhe von etwa 0° 30', wird also nur 29' gehoben. Zwischen beiden Hebungen ist ein deutlicher Unterschied von fast 6'. Um so viel wird der untere Sonnenrand dem oberen genähert, die Sonne erscheint also um fast $1/5$ ihres Durchmessers zusammengedrückt.

Eine weitere Folge der atmosphärischen Strahlenbrechung ist eine Verlängerung des Tages; denn da die Sonne im Horizont um 35' gehoben wird, so hat sie diese 35' bis zu ihrem Untergange noch zurückzulegen, oder anders ausgedrückt, sie geht erst unter, wenn sie in Wirklichkeit schon 35' unter dem Horizont steht. Ebenso geht sie natürlich morgens früher auf; beides zusammen ergibt eine ziemlich beträchtliche Verlängerung des Tages. Daher kommt es, daß auf den Kalendern zwar am 21. März und 23. September behauptet wird, daß Tag und Nacht einander gleich sind, während in Wirklichkeit der Tag fast 10 Minuten länger als 12 Stunden dauert.

Seit unserer Jugend vertraut sind uns die jährlichen Veränderungen im Lauf der Sonne, so vertraut, daß wir sie oft schon als etwas ganz Alltägliches vergessen haben. Rufen wir uns unsere Erfahrungen ins Gedächtnis zurück, so tritt uns zuerst in die Erinnerung, daß die Sonne im Sommer höher steht als im Winter. Diese Erfahrung als die einschneidendste hat ein jeder gemacht. Weniger zahlreich sind schon die Menschen, die gleichzeitig wissen, daß die Sonne an verschiedenen Stellen des Horizonts untergeht, je nach der Jahreszeit, die wenigsten aber haben den Lauf der Sonne unter den Sternen einmal verfolgt. Damit wollen wir also beginnen.

Da ja die Sonne wegen ihrer Helligkeit, oder richtiger gesagt wegen der durch sie hervorgerufenen starken Erhellung der Erdatmosphäre die Sterne für uns unsichtbar macht, so müssen wir uns darauf beschränken, kurz nach Sonnenuntergang, wo wir den Ort der

Wirkung der Lufthülle auf die Sonne

Sonne unter dem Horizont noch schätzen können, die Sterne zu beobachten. Ende Mai sehen wir 2 ziemlich gleichhelle Sterne im Westen, Kastor und Pollux genannt, bald nach Sonnenuntergang über dem Horizont stehen; dann wird es uns von Tag zu Tag schwerer werden, die beiden Sterne zu finden. Sie scheinen sich der Sonne zu nähern, bis sie an einem gewissen Tage der Sonne so nahe kommen, daß wir sie nicht mehr finden (Heliakischer Untergang). Nach wenigen Tagen wird dann die Sonne offenbar in der Nähe dieser beiden Sterne stehen; die Sonne steht dann im Sternbild der „Zwillinge", dem die beiden Sterne Kastor und Pollux angehören. Auf diesem Wege könnten wir den Lauf der Sonne unter den Sternen feststellen. Wir würden finden, daß sie nach einem Jahre wieder sich den Zwillingen nähert, nachdem sie folgende Sternbilder durchlaufen hat: Widder, Stier, Zwillinge, Krebs, Löwe, Jungfrau, Wage, Schütze, Skorpion, Steinbock, Wassermann und Fische. Dies ist der Tierkreis. Nach je einem Monat verschwindet eins dieser Sternbilder in den Strahlen der sich ihm nähernden Sonne. Damit haben wir die „jährliche scheinbare Bahn" der Sonne in rohen Umrissen festgelegt.

Tragen wir die Bahn in eine Sternkarte ein, so sehen wir, daß die Sonne nicht immer die gleiche Entfernung vom sog. Nordpol hat, daß ihre „Poldistanz" im Sommer am kleinsten, im Winter am größten ist. Suchen wir uns den Pol am Himmel, so sehen wir ohne weiteres ein, da er ja der Drehungspunkt bei der täglichen Drehung des Himmels ist, es muß die Sonne im Sommer einen hohen Bogen, im Winter einen niederen beschreiben; dieser Bogen, Tagbogen, muß im Sommer größer sein als im Winter. Die bekannten Erscheinungen der Taglänge, der Jahreszeiten finden hieraus ihre Erklärung. Um aber den Grund dieser scheinbaren Bewegung zu finden, müssen wir genauere Werte für die dabei auftretenden Größen ermitteln. Wir nehmen hierbei die Fixsterne zu Hilfe, deren Ort durch Rektaszension und Deklination festgelegt wird (Seite 76). Dann handelt es sich also darum, diese beiden Koordinaten der Sonne zu messen, von Tag zu Tag etwa durch ein Jahr zu verfolgen, um daraus weitere Schlüsse über die Sonnenbahn zu ziehen.

Die Deklination der Sonne können wir zunächst in unserer Camera obscura, die zu Zeitbestimmungen diente und nach Süden zeigt, bestimmen. Denn, messen wir die höchste Sonnenhöhe eines Tages h, so würde die Deklination der Sonne

VI. Die Sonne

$$h - (90° - \varphi) = \delta$$

folgen, wo φ die Breite des Ortes ist. Auch aus Schattenlängen mit dem Gnomon folgt h und damit ein immerhin bis auf Bruchteile des Grades genauer Wert von δ. Wir würden δ im Winter negativ, im Sommer positiv finden, die äußersten Werte sind etwa $23\frac{1}{2}°$, den Wert Null würden wir fast genau am 21. März und 23. September finden. Wir nennen diese Tage „Äquinoktien", Tag- und Nachtgleichen. Denn da die Sonne an diesen Tagen im Äquator steht, ist ihr Tagbogen gleich ihrem Nachtbogen, jeder gleich 12^h. Auch setzt man an diesen Tagen bekanntlich den Anfang des Frühlings bzw. Herbstes an. Nur ungenau lassen sich die Tage der äußersten Werte von δ auf diesem Wege bestimmen, man findet etwa 20.—22. Juni und 21.—23. Dezember. Vergleicht man die Zeiten, die zwischen diesen vier Tagen des Jahres liegen, so findet man, daß diese nicht das Jahr in vier gleiche Teile teilen, daß also der Lauf der Sonne in ihrer scheinbaren Bahn kein gleichförmiger ist. Da nun nach der Lehre des Kopernikus die Bewegung der Sonne nur scheinbar ist, aber doch ein Spiegelbild der Erdbewegung um die Sonne darstellt, so ist es von der höchsten Wichtigkeit, gerade die Ungleichförmigkeit der Bewegung zahlenmäßig festzulegen. Denn diese Ungleichförmigkeit lehrt uns, daß die Bahn der Erde von einem Kreise verschieden sein muß; sie ist eine Ellipse. Aus der Größe der Ungleichförmigkeit kann man also die Größe der Elliptizität der Erdbahn, den Bruch

$$\varepsilon = \sqrt{a^2 - b^2} : a$$

berechnen, der in der analytischen Geometrie der Kegelschnitte als ein Maß der „Exzentrizität" gebraucht wird.

Die Deklination der Sonne ist bald positiv, bald negativ; die scheinbare Bahn der Sonne verläuft zum Teil oberhalb, zum Teil unterhalb des Äquators in einem Kreise, der zweimal den Äquator schneidet. Diesen Kreis nennen wir die Ekliptik, nach dem griechischen Wort für „Finsternis", weil in diesem Kreise allein die Finsternisse von Sonne und Mond stattfinden können. Die Ekliptik dient als Hauptkreis für ein drittes Koordinatensystem am Himmel; in der Ekliptik zählt man vom Frühlingspunkt an die Länge, senkrecht zu ihr die Breite eines Gestirns. Daraus geht hervor, daß die Breite der Sonne immer fast Null sein muß.

Jährliche Sonnenbahn

Daß die scheinbare jährliche Sonnenbahn ein größter Kreis der Himmelskugel ist, enthält bereits eins der wichtigsten Gesetze des Sonnensystems als Grundlage; denn dies kann offenbar nur dann der Fall sein, wenn die Erde in ihrer wahren Bahn um die Sonne immer in einer Ebene durch die Sonne bleibt. Diese Erdbahnebene schneidet dann am Himmel die scheinbare Bahn der Sonne heraus und wird deshalb gleichfalls Ekliptik genannt. Es stellt sich uns also die Aufgabe, die Längenänderung der Sonne von Tag zu Tag festzustellen; nur so können wir die Ungleichförmigkeiten der jährlichen Sonnenbahn erkennen. Nun gibt es leider keine Methode (auch der Astronom kennt keine), mit Hilfe deren man Länge und Breite eines Gestirns direkt bestimmen kann, sondern man ist darauf angewiesen, λ und β aus α und δ zu berechnen. Diese Aufgabe ist für jeden in der sphärischen Trigonometrie Bewanderten leicht zu lösen, wenn der Neigungswinkel beider Hauptebenen, in unserem Falle des Äquators und der Ekliptik, bekannt ist. Diesen Neigungswinkel fanden wir oben aus der Beobachtung der Sonnendeklination zu $23°27'$. Man bezeichnet diese „Schiefe der Ekliptik" allgemein mit dem Buchstaben ε. Dann heißen die Formeln zur Berechnung von λ und β

$$\cos\beta \cos\lambda = \cos\delta \cos\alpha$$
$$\cos\beta \sin\lambda = \cos\delta \sin\alpha \cos\varepsilon + \sin\delta \sin\varepsilon$$
$$\sin\beta = -\cos\delta \sin\alpha \sin\varepsilon + \sin\delta \cos\varepsilon.$$

Es gilt also, für einen bestimmten Zeitpunkt Rektaszension und Deklination der Sonne zu bestimmen. Wie wir die Deklination δ bestimmen, haben wir schon gesehen. Die Rektaszension α muß ebenso wie die Rektaszension eines unbekannten Sterns bestimmt werden, man hängt in einem nach Süden gelegenen Fenster einen beschwerten Faden auf, einen zweiten weiter hinten im Zimmer, genau nördlich von dem ersten und beobachtet durch ein berußtes Glas, wenn die beiden Sonnenränder, von dem hinteren Faden aus gesehen, den vorderen zu berühren scheinen. Das Mittel zwischen beiden Zeiten sei t_1. Ebenso beobachtet man abends das „Passieren eines Sterns" mit der Rektaszension α_* zur Zeit t_2. Dann ist die Differenz der Zeiten gleich der Differenz der Rektaszensionen, oder die Rektaszension der Sonne ist

$$\alpha_\odot = \alpha_* - (t_2 - t_1).$$

Da es sich um lange Zwischenzeiten handelt, so muß man daran denken, $(t_2 - t_1)$ in Sternzeit auszudrücken. Hierzu dient die Tabelle Seite 34. Die gefundene Rektaszension muß, wenn der Gang der Uhr kontrolliert wird, bis auf einige Sekunden genau sein. Da der Fehler in der Deklination nur 2' beträgt (er ist ja gleich dem Fehler in der Höhe), so ist δ ebenso genau wie α. Übrigens kann man die Güte der Bestimmung dadurch kontrollieren, daß die sich durch Rechnung ergebende Breite β gleich Null sein muß.

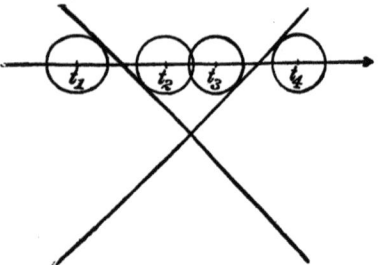

Abb. 15. Die Sonne im Kreuzmikrometer.

Die eben behandelte Methode entspricht der vom Astronomen ausgeführten Art der Bestimmung mit dem Meridiankreis, nur daß an Stelle unserer primitiven Absehlinie zwischen zwei Fäden das Fernrohr mit dem Fadenkreuz tritt und an Stelle unseres rechtwinkligen Dreiecks zur Messung von δ höchst genau geteilte Kreise.

Doch wir haben bei der Bestimmung der Örter von Fixsternen schon andere Hilfsmittel kennen gelernt, das Balken- und das Ringmikrometer. Wir können diese beiden Apparate auch zur Ortsbestimmung der Sonne anwenden.

Die Abb. 15 und 16 zeigen, in welchen Stellungen die Sonne im Mikrometer beobachtet wird. Einfache Rechnungen gestatten ähnlich wie bei Fixsternen die Berechnung von $\triangle \alpha$ und $\triangle \delta$, wenn man den Halbmesser der Sonne berücksichtigt. Nehmen wir an, wir hätten für möglichst viele Tage in einem Jahr λ und β berechnet. Was wird sich dann zeigen? Zunächst, daß β durchweg fast genau Null ist.

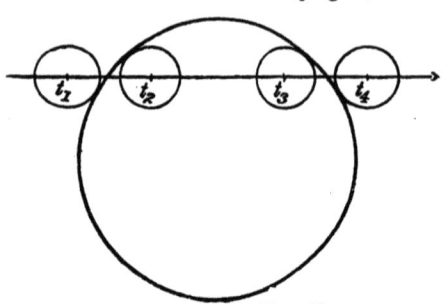

Abb 16. Die Sonne im Ringmikrometer.

Dann, daß λ allmählich zunimmt, jedoch nicht gleichförmig. Die „tägliche Bewegung der Sonne in Länge" ist dann von der „mittleren Bewegung in Länge" $\frac{360^°}{365{,}2422}$ etwas verschieden. Wir finden 2 Punkte im Jahr, an denen dieser Unterschied ein Maximum und ein Minimum erreicht. Dies sind die Punkte, in denen sich die Erde am schnellsten bzw. am langsamsten in ihrer Bahn bewegt hat, d. h. nach dem Kepplerschen Gesetze die Punkte der Bahnellipse, in denen die Erde der Sonne am nächsten bzw. fernsten gestanden hat, Sonnennähe (Perihel) und Sonnenferne (Aphel). Vor allem aber können wir die Zeit bestimmen, nach welcher die Sonne einen Kreislauf vollendet hat, d. h. das sogenannte siderische Jahr, die Zeit, nach welcher die Sonne wieder zu demselben Stern zurückgekehrt ist. (Sie hat allerdings dann nicht wieder die gleiche Länge. Denn wir haben gesehen, daß sich die Rektaszension des benutzten Sterns infolge der Präzession geändert hat. Wir finden also auch einen anderen Wert für λ. Die Zeit einer Zunahme von λ um 360^0 ist etwas kürzer und ergibt sich leicht durch Interpolation.)

Die Größe der Sonne.

Wir wenden uns jetzt Messungen zu, die man an der Sonne selbst anstellen kann. Wir werden zuerst versuchen, die scheinbare Größe der Sonne und ihre Änderung im Laufe eines Jahres festzustellen.

Wir gehen dabei von der Annahme aus, daß die Sonne eine völlig genaue Kugel ist und keine Abplattung besitzt. Diese Annahme ist bisher als durchaus zutreffend selbst bei feinsten Messungen gefunden worden. Wir können mithin jeden beliebigen Durchmesser der Sonne messen, insbesondere den in der Richtung der täglichen Bewegung liegenden. Wir beobachten dazu mittags die Sonne im Meridian, indem wir einen Faden im Fenster aufhängen, unten mit einem Gewicht beschwert, und aus großer Entfernung die Zeit bestimmen, die die Sonne zum Vorübergang an diesem Faden gebraucht. Diese Zeit heißt die „Durchgangsdauer" der Sonne. Sie muß in mittlerer Zeit gemessen und mit 15 cos δ multipliziert werden, um den Sonnendurchmesser in Winkelmaß zu ergeben, wo δ wie immer die Deklination der Sonne bedeutet. Diese Methode liefert die Durchgangszeit etwa auf 2^s genau (bei einiger Übung), also zur Zeit der Äquinoktien den scheinbaren Durchmesser bis auf $30''$ genau. Das ist ein ziemlich großer Fehler, wenn man die Veränderung des Durchmessers studieren will. Hängt man nun mehrere Fäden nebeneinander auf und beobachtet so statt zweier etwa zwanzig Antritte und zählt sie nach Schlägen unserer Taschenuhr, bis auf $0^s{,}2$ genau, so ergibt das Mittel aus 10 gleich guten Beobachtungen ein auf $\frac{1}{\sqrt{10}}$ verkleinerten Fehler, d. i. etwas weniger als $0^s,1$. Es würde sich also immerhin lohnen, auf diesem mühevollen Wege den Sonnendurchmesser zu bestimmen. Man findet, daß er ziemlich erheblich schwankt zwischen 32' 32" und 31' 28" im Laufe eines Jahres. Die Zeitpunkte des größten und kleinsten Sonnendurchmessers fallen mit der schon bestimmten Zeit der Sonnennähe und Sonnenferne zusammen. Wir haben es daher nicht mit wirklichen Veränderungen der Sonnengröße zu tun, sondern mit scheinbaren, wie uns z. B. Häuser einer Straße kleiner erscheinen, je weiter sie von uns entfernt sind.

Um aus dem scheinbaren Durchmesser der Sonne ihren wahren zu finden, müssen wir wissen, wie groß die Erde von der Sonne aus gesehen erscheinen würde. Dieser scheinbare Halbmesser der Erde, die sog. Sonnenparallaxe, ergibt sich aus für uns unerreichbaren Messungen zu 8,"80. Derselbe Halbmesser ist bei der Sonne nun 16' = 960" im Mittel. Daher ist die Sonne soviel mal größer als die Erde wie 8,80 in 960 enthalten ist. Das gibt 109 mal. Der Halbmesser der Erde ist nun gleich 6378 km, mithin ist der Halbmesser der Sonne 6378 mal 109, gleich 695 000 km, oder ihr Durchmesser 1 390 000 km. Da übrigens nach neuesten Messungen die Sonnenparallaxe etwas größer als 8,"80 sein dürfte, so würde diese Zahl etwas kleiner, nämlich 1 383 200 km.

Die Sonne ist, um ein oft gewähltes Beispiel zu benutzen, so groß, daß um die im Sonnenmittelpunkte gedachte Erde der Mond bequem seine Bahn innerhalb der Sonne vollenden könnte, da er nur 385 080 km von der Erde im Mittel entfernt ist.

Die Erde ein guter Stecknadelknopf, die Sonne eine Kegelkugel, das ist das Verhältnis beider Körper.

Doch noch etwas mehr können wir mit bloßem Auge an der Sonne beobachten. Zu gewissen Zeiten treten auf der Sonne Erscheinungen auf, Veränderungen ihrer Oberfläche, die man im Fernrohr leicht erkennen kann und als Flecken bezeichnet. Diese Flecken erreichen häufig eine so gewaltige Größe, daß man sie auch ohne Fernrohr durch ein Blendglas bequem erkennen kann. So sind in den Jahren 1906 bis 1908 zahlreiche Flecken mit bloßem Auge zu beobachten gewesen. Selbstverständlich können wir die Natur dieser Flecken mit bloßem Auge nicht lösen. Aber es ist doch eine lohnenswerte Aufgabe, einmal festzustellen, ob auf der Sonne mit bloßem Auge Flecken sichtbar sind, dann auch ihre Veränderungen zu untersuchen.

Größe der Sonne. Sonnenflecken

Bei Erscheinen dieses Büchleins dürfte dies kaum möglich sein, solche Flecken zu finden; denn die großen Flecken treten in 12 jährigen Perioden auf der Sonne auf. Vor dem Jahre 1926 werden wohl große Flecken sehr selten sein. Aber auch schon in der Feststellung des Fehlens großer Flecken liegt ein Resultat, das zur Bestätigung der Sonnenfleckenperiode von 11 bis 12 Jahren führen wird.

Was aber würden wir an einem auf der Sonne entdeckten Fleck beobachten können? Zunächst einmal eine scheinbare tägliche Drehung um den Mittelpunkt der Sonnenscheibe, eine Folge des Umstandes, daß wir die Lage eines Fleckes unwillkürlich nach der Richtung zum Zenit taxieren, während wir eigentlich uns nach dem durch den Mittelpunkt der Sonne gehenden Meridian der Himmelskugel richten sollten. Diese beiden Richtungen aber schließen den sogenannten parallaktischen Winkel ein, der im Laufe des Tages veränderlich ist und nur im Orts=Meridian gleich Null wird. Ich würde nicht auf diesen Umstand hinweisen, wenn mir nicht oft erzählt wäre: ein beobachteter Sonnenfleck hätte morgens rechts unten, abends links unten gestanden, sich also in einem Tage um fast 90° gedreht. In Wirklichkeit stand er nämlich südlich vom Mittelpunkt der Sonne! Wenn wir die Ortsveränderungen eines Flecks feststellen wollen, so müssen wir auf diese scheinbare Veränderung Rücksicht nehmen und entweder die Sonne immer in gleicher Entfernung vom Ortsmeridian oder im Meridian selbst beobachten. Dann wird uns aber gleichfalls eine Ortsveränderung des Flecks auffallen: haben wir den Fleck nahe dem linken Rand entdeckt, so sehen wir ihn zunächst langsam, dann schneller sich der Mitte nähern nnd umgekehrt nach dem rechten Rande hin verschwinden. Zeichnet man sich einen Kreis und trägt in diesem Kreise von oben nach unten die Nord=Süd=Richtung ein, so kann man nach dem Augenmaß die Stellung des Flecks einzeichnen. Man erhält dann die Bahn des Flecks auf der Sonnenscheibe, wenn man die einzelnen Punkte verbindet. Neben den einzelnen Punkten kann man Datum und Zeit notieren, und aus den beiden Zeiten der dem Mittelpunkt der Sonne nächstgelegenen Punkte kann man die Zeit leicht interpolieren, wann der Fleck dem Mittelpunkt der Sonnenscheibe nahe gewesen oder gar durch ihn hindurchgegangen ist. Die Zeit dieses Durchgangs ist von großer Wichtigkeit; denn jedermann sieht sofort ein, daß solche Ortsveränderungen eines Flecks durch eine Achsendrehung der Sonne hervorgerufen werden. Die Umbrehungs=

zeit der Sonne wird sich daher bestimmen lassen, wenn wir zwei oder mehrere Male die Durchgangszeit desselben Flecks beobachtet haben. Zwar sind die Flecken bald verschwindende Gebilde. Da wir aber sowieso mit bloßem Auge nur die größten von ihnen erkennen können, so werden wir mit Recht erwarten, daß diese sich am längsten halten werden. Diese Umlaufszeit, welche wir finden, bezieht sich übrigens auf die Erde in ihrer Bahn, nicht auf eine feste Richtung im Weltenraum. Da die Erde sich während der gefundenen Zeit von etwa 29 Tagen um einen leicht zu berechnenden Winkel fortbewegt hat, so hat die Sonne sich in 29 Tagen nicht nur um 360° gedreht, sondern auch um diesen Winkel mehr. Dieser Winkel ergibt sich aus der Proportion:
$$365 : 29 = 360 : x.$$

Dann findet man die siderische Umdrehungszeit der Sonne aus der zweiten Proportion:
$$t : 29 = 360 : (360 + x).$$

Statt der Zahl 29 mag nun jeder die von ihm beobachtete genauere einsetzen. Es wird sich das wundersame Resultat ergeben, daß die herauskommenden siderischen Umdrehungszeiten für verschiedene Flecke verschieden sein können, und zwar um so größer, je näher der Fleck den auf der Zeichnung leicht zu erkennenden Polen der Sonne sich gebildet hat. Ein Resultat von hervorragender Bedeutung! Denn es folgt, daß in der Schale der Sonnenkugel, in der die Flecken sich bilden, der Äquator schneller rotiert, als die nach den Polen gelegenen Teile der Sonne. Wie weit die Sonne von einem festen Zustande entfernt ist, erkennt man hieraus ohne weiteres.

Noch eine weitere wichtige Tatsache erkennen wir, wenn wir nur erst mehrere Flecken über die Sonnenscheibe haben hinziehen sehen: Die Flecken bilden sich weder an den Polen, noch am Äquator der Sonne, sondern in zwei Zonen zu beiden Seiten des Äquators. Die scheinbaren Bahnen der Flecke stellen auf der Sonne Breitenkreise vor, deren Breite größer als Null und sehr viel kleiner als 90° ist. Endlich sind die Flecken für uns das einzige Mittel, um die Lage des Sonnenäquators zu finden. Zweimal im Jahr muß die Erde in der Ebene des Sonnenäquators stehen, und zu diesen Zeiten müssen die Flecken auf der Sonne gerade Linien zu beschreiben scheinen. Zu jeder anderen Zeit müssen sich mehr oder weniger offene Ellipsen als Bahnen ergeben. Wir finden auf diesem Wege Anfang Dezem=

ber und Juni als Zeiten, zu denen die Erde durch die Ebene des Sonnenäquators hindurchgeht. Die Pole der Sonne liegen dann auf dem Rande der Sonnenscheibe, senkrecht zu den Bahnen der Flecke, und man kann erkennen, daß die Pole der Sonne mit der Nord=Südrichtung auf der Sonne einen Winkel einschließen, der etwa 7° Unterschied gegen die Neigung ε der Ekliptik zeigt.

Sonnenfinsternisse.

Es ist bekannt, daß unter gewissen Bedingungen die Bahn des Erdmondes diesen unseren Begleiter genau zwischen Erde und Sonne führt. Indem wir uns die Besprechung dieser Bedingungen für das Kapitel „Mond" aufheben, wollen wir jetzt nur zusehen, was bei einem solchen Falle zu beobachten ist. Der Mond wird als schwarze Scheibe von Westen nach Osten an der Sonne vorbeiziehen und sie für den Beobachter zum Teil oder auch ganz verdecken, d. h., es wird für den Ort eine partielle oder totale Finsternis eintreten. Jeder Kalender und jede bessere Zeitung gibt uns die ungefähren Zeit= punkte der äußeren bzw. inneren Berührungen der beiden Kreise an, als welche Sonne und Mond erscheinen. Man nennt die beiden äußeren Berührungen „Beginn und Ende der Finsternis überhaupt", die beiden inneren Berührungen „Beginn und Ende der totalen Fin= sternis" bzw. „Beginn und Ende der ringförmigen Finsternis", wenn der Mond uns kleiner erscheint als die Sonne und diese daher nicht ganz verdeckt. Bei einer partiellen Finsternis kommt noch die Angabe des Zeitpunktes hinzu, an welchem die partielle Finsternis ihren größten Betrag erreicht. Alle diese Momente können wir zunächst mit unserer Uhr kontrollieren. Wir werden dabei deutliche Unter= schiede mit der Vorausberechnung finden; denn die Vorausberechnung kann nur für einen ganz bestimmten Ort Gültigkeit haben, für jeden anderen verschiebt sich der Mond ein wenig vor der Sonne, da er uns sehr viel näher ist als diese. Damit sind die wenigen bei einer partiellen Finsternis möglichen Beobachtungen erschöpft, es sei denn, daß man wieder mit Balken= oder Ringmikrometer die Lage der Hör= nerspitzen der Sonne messen will.

Sofort ändert sich die Sachlage für den, der das außerordentliche Glück hat, in seinem Leben eine totale oder fast totale Sonnenfinster= nis beobachten zu dürfen. Ungeahnte Wunder tun sich in dem Mo= ment des Eintritts der totalen Finsternis kund. Schon vorher sieht man manchmal den Kernschatten des Mondes wie eine dunkle Masse heranrasen, und kurz vor dem Eintritt der totalen Finsternis laufen die unruhigen „fliegenden Schatten" über die Gegend; denn da der letzte Lichtsaum der Sonne wie ein Stern dem Funkeln unterliegt, hervorgerufen durch die schlierenförmig wallende Erdatmosphäre, so ist die Gegend nicht gleichmäßig beleuchtet, sondern eben von fliegenden Schatten durchzogen. Da, mit dem Moment der totalen Finsternis, versiegt alles Licht, das Auge erkennt die helleren Sterne, die Planeten Venus, Merkur neben der Sonne. Aber um den schwarzen Mond herum ist die Sonne doch nicht gänzlich verdeckt, rote Flammen schlagen aus ihr hervor, und ein silberweißer Strahlenkranz breitet sich um sie aus. Die roten Flammen führen den Namen Protuberanzen und bestehen hauptsächlich aus glühendem Wasserstoff, Helium und Kalzium, während der silberweiße Strahlenkranz den Namen Korona führt und aus einem bisher unbekannten Gase besteht. Bei der Fülle der Erscheinungen hält ein systematisches Beobachten schwer, und da von den Lesern dieses Buches wohl nur sehr wenige jemals eine totale Sonnenfinsternis sehen werden, sollen auch keine Anleitungen hier gegeben werden. Desto wichtiger aber sind bildliche Darstellungen des so seltenen Naturereignisses. Abb. 17 zeigt eine Photographie der Korona.

Doch nur wenige Minuten gewährt uns der Mond das seltene Schauspiel, dann bricht mit blendendem Glanze die Sonne wieder hervor, all die Zauber um uns her vernichtend. Weder von der Korona, noch von den Protuberanzen ist unter gewöhnlichen Verhältnissen etwas zu erkennen, da die beleuchtete Erdatmospäre alles überstrahlt. Nicht, daß sich der Mond vor die Sonne stellt, sondern daß er seinen Schatten auf die Erdatmosphäre wirft, so daß diese nicht beleuchtet wird, verschafft uns die Wunder einer totalen Sonnenfinsternis. Hätten wir keine Atmosphäre, oder könnten wir uns über sie erheben, so würden wir jederzeit die Sterne, die Korona und die Protuberanzen erkennen können, wenn man nur die Augen vor dem blendenden Lichte der Sonne schützte. Deshalb beruht auch die geniale Methode der Sichtbarmachung der Protuberanzen bei heller Sonne eben auf der Vernichtung der strahlenden Helligkeit der Erdatmosphäre.

Noch eine mit bloßem Auge sichtbare Verfinsterung der Sonne ist der Vollständigkeit halber bei der Sonne zu erwähnen: es ist

dies ein Vorübergang des Planeten Venus vor der Sonnenscheibe. Venus erscheint als gerade erkennbarer dunkler Punkt, am Ostrande eintretend, vor der Sonne, und doch wird niemand von den Lesern dieses Werkchens einen solchen „Venusdurchgang" erleben; denn diese Ereignisse treten leider sehr selten ein. Die letzten beiden Vorüber=

gänge ereigneten sich am 8. Dezember 1874 und 6. Dezember 1882, während erst am 8. Juni 2004 und 6. Juni 2012 die beiden nächsten zu erwarten sind — für uns alle zu spät.

Die Venusdurchgänge sind von Halley als ein Mittel zur Messung der Entfernung der Venus von der Erde erkannt, indem von zwei Orten der Erde aus die Venus ganz verschiedene Sehnen auf der Sonnenscheibe durchläuft. Aus den 4 Antrittszeiten der Venus läßt sich dann die Verschiebung („Parallaxe") der Venus finden. Aus der Lage der beiden Beobachtungsorte und ihrer Entfernung folgt dann die Entfernung der Venus in Kilometern. Diese Messung hat deshalb eine so hervorragende Bedeutung, weil sich dann weiter auch die Entfernung der Erde von der Sonne finden läßt, da ja nach dem 3. Keppler schen Gesetz die Entfernungen der Planeten von der Sonne und unter sich verhältnismäßig bekannt sind, indem man z. B. die Entfernung der Erde von der Sonne gleich 1 setzt. Findet man nun eine der Entfernungen, wie oben Venus—Erde, in Kilometern, so ergeben sich mit einem Schlage sämtliche Maße des Sonnensystems in Kilometern.

Auch der Planet Merkur wandert vor der Sonnenscheibe, sogar häufiger als die Venus, vorbei, ist aber mit bloßem Auge wegen seiner Kleinheit nicht erkennbar, auch für die Zwecke der Parallaxenbestimmung unbrauchbar, da seine Parallaxe nicht viel größer als die der Sonne ist und folglich — da ja nur die Differenz beider bei einem Durchgang in Erscheinung tritt! — keine Verbesserung der Genauigkeit gewährt, sondern eine — Verböserung.

Ergebnisse der Sonnenforschung.

Wir sind damit von selbst in das Gebiet der Erscheinungen gelangt, die wir mit bloßem Auge nicht verfolgen können. Wie wollen es uns nicht versagen, nachdem wir die Schwierigkeiten von Beobachtungen kennen gelernt haben, in aller Kürze einzugehen auf die Resultate der Forschungen, die mit den modernen, erstaunlich genauen Hilfsmitteln über die Sonne angestellt sind.

Dabei sehen wir von der Erforschung der reinen Bahnverhältnisse der Erde durch Messung von Sonnenorten ab; bei diesen können wir uns ja leicht die Verfeinerung durch Benutzung des Meridiankreises und feinster Uhren vorstellen.

Beginnen wir wieder mit der Bestimmung des Sonnendurchmessers. Mit Hilfe des Heliometers, des feinsten Instruments zur Messung des Durchmessers der Sonne, hat sich bisher weder eine Abplattung noch eine Veränderung feststellen lassen, außer der scheinbaren, durch die wechselnde Entfernung der Erde bedingten Schwankung. In der Tat nehmen wir heute an, daß eine Zusammen=

ziehnug der Sonne zwar vorhanden sein wird, um die riesige Wärmemenge zu ersetzen, die die Sonne in den Weltenraum hinausstrahlt, daß aber erst in 6000 Jahren eine meßbare Verkleinerung des Durchmessers daraus sich ergeben würde.

Die Rotation der Sonne hat die Astronomie aus genauen Messungen der Flecken festgestellt und ihre Veränderlichkeit mit der Breite gefunden. Die Dauer der Rotation beträgt am Äquator im Mittel 25 Tage 9 Stunden, während sie in einer Breite von 60° etwa 29 Tage 9 Stunden beträgt. Doch haben die verschiedenen Sonnenforscher hier recht verschiedene Resultate erhalten, wenn auch eine ungefähre Übereinstimmung vorliegt. Jedenfalls geht hervor, daß das Niveau der Sonne, in dem die Flecken sich bilden, weit entfernt davon ist, ein festes zu sein. Die ganzen Erscheinungen haben auch in ihrer nur genäherten Gesetzmäßigkeit viel Ähnlichkeit mit den meteorologischen Verhältnissen der Erdatmosphäre. Da diese Ähnlichkeit auch sonst sich stützen läßt, so sieht man heute das Fleckenniveau der Sonne, die sog. „Photosphäre" als die Atmosphäre der Sonne an, in der die Flecken klarere und deshalb kühlere Teile und zwar trichterförmige Räume vorstellen.

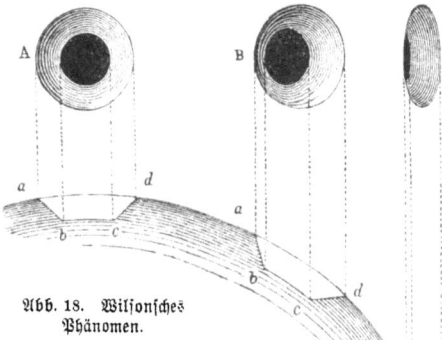

Abb. 18. Wilsonsches Phänomen.

Dieses trichterförmige Aussehen der Flecke hat man schon lange im Fernrohr erkannt. Jeder Fleck besteht aus einem dunklen Kern, dem Grunde des Trichters, und einer Penumbra, die oft radial gezeichnet ist, den Anhängern des sich nach oben erweiternden Trichters. Erscheint ein Fleck am Rande, so bietet er nämlich oft die Erscheinung, daß der Kern nicht mehr in der Mitte der Penumbra liegt, sondern am Rand. Wenn man sich auf einer Kugel trichterförmige Löcher denkt, ist diese Erscheinung (Wilsonsches Phänomen) perspektivisch sofort klar (Abb. 18).

Die Sonnenflecke entwickeln sich oft sehr schnell aus kleinen Anfängen, Poren genannt, zu gewaltiger Größe, und lösen sich dann langsam auf, meist unter Zersplitterung. Sie erscheinen in regelmäßig schwankender Häufigkeit in einer Periode von im Mittel 11,12 Jahren, die im einzelnen Fall aber zwischen 8 und 13 Jahren etwas schwankt. Zur Zeit des Maximums sind große Flecken häufig, die Sonne kaum jemals fleckenfrei, während zur Zeit des Minimums die Sonne lange Zeit fleckenfrei erscheint. Bei Beginn des Maximums erscheinen die Flecken plötzlicher und in höheren Breiten, als sie am Ende des Maximums verschwinden. Das letzte Maximum trat 1916 auf.

Es kommen zwar häufig Flecken vor, die genau Kern und kreisförmige Penumbra zeigen, meist jedoch treten sie in Gruppen auf, sich gegenseitig berührend und in der Gestalt offenbar beeinflussend. Solche Gruppen erreichen manchmal un=

96   VI. Die Sonne

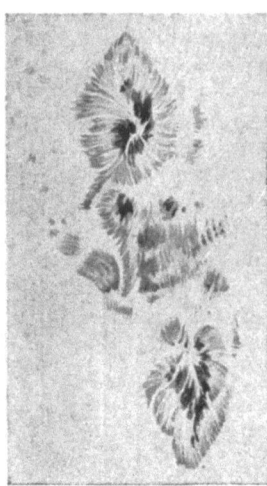

Abb. 19.
Große Sonnenfleckengruppe.

geheure Ausdehnung, wie z. B. die vom Verfasser am 8. Mai 1909 gezeichnete Abb. 19. Diese war dem bloßen Auge bei Benutzung eines starken Blendglases sehr leicht sichtbar. Abb. 20 gibt eine Photographie Janssens eines großen Sonnenflecks vom 22. Juni 1885 wieder, die von unerreichter Naturtreue und Schönheit ist. Sie spricht mehr als lange Beschreibung.

Auf dieser Photographie zeigt sich auch deutlich, daß die Oberfläche der Sonne nirgends glatt erscheint, sondern bedeckt mit einer Anhäufung körnerartiger Gebilde, die man die Granulation nennt. Diese Körner sind in der Penumbra radial gestellt. Sie sind stets in lebhafter Bewegung und die kleinsten auf der Sonne wahrnehmbaren Objekte. Ihr Durchmesser schwankt zwischen $1/3''$ und $1''$, entsprechend einer wahren Ausdehnung von 250 bis 730 km.

Außer den Flecken sind im Fernrohr (mit dem bloßen Auge ist es bisher noch nie gelungen) nahe dem Rande helle, wurmartig sich windende, meist einen Fleck umgebende helle Stellen zu sehen, die „Fackeln". Erst die neuste Zeit hat in ihre Natur Licht gebracht. Wir kommen bei Gelegenheit der Haleschen Calciumflocculi auf sie zurück.

Von ungeheurer Wichtigkeit für die Erforschung der Sonne ist das Spektroskop geworden. Wir müssen bei der Gewaltigkeit des mit ihm Geleisteten uns ausführlicher mit dieser Methode beschäftigen.

Man erfährt in der Physik von der Entdeckung eines Instruments, das das Licht in seine Einzelfarben zerlegt. Der Hauptbestandteil ist ein Prisma aus Glas. Aus dem zu untersuchenden Licht wird durch einen Spalt ein Lichtstrahl herausgeschnitten, durch eine Linse auf das Prisma geworfen, von diesem zerlegt und dann durch ein Fernrohr betrachtet. Kirchhoff hat die mit diesem Instrument erhaltenen Resultate wie folgt zusammengefaßt:

1. Feste und flüssige, glühende Körper senden eine ununterbrochene Reihe von Farben aus, die bei Weißglut des Körpers mit Rot beginnend über Orange, Gelb, Grün, Blau mit Violett endet. „Kontinuierliches Spektrum".
2. Glühende Gase geben ein diskontinuierliches Spektrum, das oft aus einzelnen scharf begrenzten Linien besteht. „Linienspektrum". Für jedes Element sind diese Linien immer die gleichen, an derselben Stelle erscheinenden.
3. Sendet man Licht eines glühenden festen Körpers durch glühende Gase, so erscheint im Spektrum ein kontinuierliches Farbenband, indem die hellen Gaslinien dunkel erscheinen, wenn die Temperatur des festen Körpers höher als die des Gases ist. Die dunklen Linien stehen an genau denselben Stellen wie die hellen. Ist aber das Gas heißer als der glühende feste Körper, so bleiben die Linien hell.

Diese letzte Tatsache und ihre Erklärung ist die eigentliche entdeckende Tat Kirchhoffs. Die Gase, sagt seine Erklärung, verschlucken dasselbe Licht, das sie

Sonnenspektrum 97

senden. Sendet z. B. Natriumdampf ein gelbes Licht aus, so absorbiert er auch dasselbe gelbe Licht, wenn es von einem kontinuierlich leuchtenden Körper auffällt. Im kontinuierlichen Spektrum fehlt dann das gelbe Licht: es erscheint eine schwarze Linie. Das vom Natriumdampf in diese schwarze Linie hineingesandte Licht hellt sie nur auf, wenn er mehr Licht aussendet, als er von dem kontinuierlichen verschluckt hat, wenn er heißer ist als der feste Körper!

Da das Licht eine Schwingung ist, so entspricht jeder Farbe eine an-

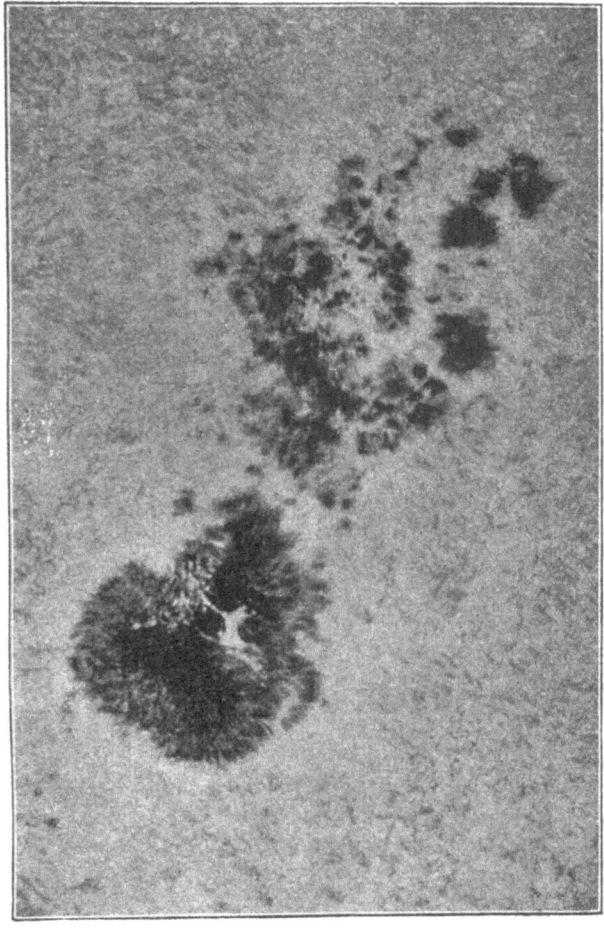

Abb. 20. Sonnenfleck.

dere Schwingungszahl oder auch eine andere Wellenlänge; jede Stelle im Spektrum, jede Linie ist also durch eine bestimmte Wellenlänge charakterisiert. Die Wellen sind in Millimetern 0,0008 für Rot bis 0,0003 für Violett. Man schreibt λ 8000 bis λ 3000. Natriumdampf sendet z. B. zwei Wellenlängen λ 5890,2 und λ 5896,2 aus, d. h. zwei dicht nebeneinanderliegende Linien.

Durch Vermehrung der Zahl der Prismen und besonders durch Benutzung feingeteilter sog. Gitter, statt der Prismen, kann man die „Dispersion" des Lichts immer mehr vergrößern. Die Linien selbst bleiben dabei immer scharf, rücken aber immer mehr auseinander, so daß man ihre Wellenlängen mit immer größerer Genauigkeit hat bestimmen können. Feine Doppellinien rücken natürlich immer mehr auseinander. So ist z. B. die erwähnte Doppellinie des Natriums mit einem normal großen Prisma nicht getrennt zu sehen, doch schon mit zweien, und auf modernen Photographien des Spektrums haben die beiden Linien einen Abstand von 75 mm!

Richtet man einen solchen stark zerstreuenden Spektralapparat auf die Sonne, so erkennt man ein helles, kontinuierliches Spektrum, in dem bald eine Anzahl dicker, feiner und feinster schwarzer Linien hervortreten, die nach ihrem Entdecker den Namen Fraunhofersche Linien tragen. Nach dem dritten Kirchhoffschen Gesetze folgt daraus, daß die Sonne aus einem heißen, festen oder flüssigen Kern besteht, dem weniger heiße, glühende Gase vorgelagert sind. Diese Erkenntnis hat sich im Grunde bis heute erhalten, nur die Annahme des glühenden festen Kerns hat man durch die eines gasförmigen unter kolossalem Druck stehenden ersetzt. Man hat nämlich gefunden, daß auch glühende Gase ein kontinuierliches Spektrum geben, wenn sie unter großem Druck stehen. Nach dieser Abänderung des ersten Kirchhoffschen Gesetzes ist nämlich ein fester Kern der Sonne bei ihrer hohen Temperatur eine Unwahrscheinlichkeit und seine Annahme zur Erklärung des kontinuierlichen Untergrundes unnötig. Allerdings dürfte dieser gasförmige Kern bei dem großen auf ihm lastenden Druck mehr die Konsistenz von „Schusterpech" als Ähnlichkeit mit dem gasförmigen Aggregatzustand auf unserer Erde haben; denn wie groß muß die Zunahme des Drucks nach dem Innern der Sonne zu sein, wo schon unsere Erdatmosphäre auf jeden Quadratzentimeter mit dem Gewicht eines Kilogramms drückt!

Untersuchen wir nun die Fraunhoferschen Linien genauer, so finden wir, daß zwar nicht alle, aber ein sehr großer Teil von ihnen Wellenlängen hat, die leuchtenden Gasen auf der Erde entsprechen. So finden sich zwei schwarze Linien bei λ 5890,2 und λ 5896,2. Nach dem dritten Kirchhoffschen Satz sind diese Linien durch Natriumdampf hervorgerufen, sie „koinzidieren" ja auch genau mit den „Emissionslinien" des Natriums. Natrium wurde in der Tat als erstes Element auf der Sonne entdeckt. Ebenso festgestellt sind weitere 37 Elemente, z. B. Eisen, Nickel, Mangan, Chrom, Kohle, Kalzium, Magnesium, Natrium, Wasserstoff, Strontium, Barium, Aluminium, Zink, Kupfer, Silber, Zinn, Blei Kalium, Helium. Geordnet sind sie nach der Zahl der zusammenfallenden Linien, die beim Eisen die Zahl 2000 übersteigen. Das Helium ist hier gleich mit aufgeführt, obgleich es nicht durch Absorptionslinien erkannt ist.

Die übrigen Elemente sind zum Teil als zweifelhaft, zum Teil als nicht nachweisbar zu betrachten.

Als man zum ersten Male bei der totalen Sonnenfinsternis am 18. Aug. 1868 das Spektroskop auf die Protuberanzen und die Korona richtete, sah man ein Linienspektrum, in dem Linien des Wasserstoffs vorherrschend waren. Damit war bewiesen, daß die Protuberanzen und die Korona hauptsächlich aus glühenden Gasen bestehen. Dabei konnte man die Wasserstofflinien nur in den Protuberanzen erkennen, während überall, auch in der Korona, eine silbergrüne Linie zu erkennen war; die Korona muß also aus einem anderen Gase bestehen, das leichter sein muß als Wasserstoff, weil die Korona sich wesentlich höher über die Sonne erhebt als selbst hohe Protuberanzen. Man hat das noch bis heute unbekannte Gas der Korona „Koronium" genannt.

Bei der obenerwähnten Sonnenfinsternis beobachtete auch der Pariser Sonnenforscher Janssen das Spektrum der Protuberanzen und von dem Glanz der hellen Wasserstofflinien überrascht, rief er aus: Je reverrai ces lignes là en dehors des eclipses. In der Tat gelang ihm dies schon am nächsten Morgen, als er sein Spektroskop tangential auf den Rand des von einem Fernrohr entworfenen Sonnenbildchens einstellte. Dasselbe gelang dem englischen Sonnenforscher Lockyer unabhängig von Janssen. Lockyer war endlich der erste, der einer Idee Huggins' folgend den Spalt seines auf den Sonnenrand gerichteten Spektroskops ein wenig öffnete. Der breite Spalt kann dann offenbar nicht durchweg die helle Linie zeigen, sondern nur dort, wo in dem kleinen Sonnenbildchen vor dem Spalt Licht von einer Protuberanz vorhanden ist, d. h. es erscheint die Form der Protuberanz.

Das ist in ganz kurzen Zügen die Methode der Beobachtung der Protuberanzen bei heller Sonne. Sie beruht innerlich auf dem Unterschied zwischen kontinuierlichem und Linienspektrum. Denn durch die starke Zerstreuung des Spektroskops wird das blendende Licht der Atmosphäre in ein sehr langes kontinuierliches Spektrum zerlegt, also stark abgeschwächt, das Licht der Protuberanzen aber in seine Linien zerlegt, die zwar mit wachsender Dispersion weiter auseinander rücken, aber immer scharf, also gleich hell bleiben. So erreicht man also durch das Spektroskop das gleiche wie durch den Mond bei totalen Sonnenfinsternissen: eine Abschwächung der strahlenden Erdatmosphäre.

Heute kennt man zahlreiche andere Linien außer den Linien des Wasserstoffs und Koroniums, die noch im Spektrum der äußeren Atmosphäre der Sonne, der „Chromosphäre", hell auftreten. Dazu gehört vor allem eine reingelbe Linie nahe den beiden Natriumlinien mit der Wellenlänge λ 5876,0, der gar keine Absorptionslinie im Sonnenspektrum entspricht und die auch lange Zeit hindurch bei keinem irdischen Stoffe gefunden wurde. Man nannte das unbekannte Gas Helium, es ist heute auch auf der Erde bekannt. Ferner entdeckte der amerikanische Sonnenforscher Hale, daß auch im äußersten Violett zwei Linien des Kalziums jederzeit hell auftreten. Ihre Wellenlängen sind λ 3968,6 und λ 3933 8. Diese Linien reichen sogar in noch größere Höhen hinauf als die Wasserstofflinien, weil sie überhaupt — auch im Laboratorium — zu den sehr „empfindlichen" Linien gehören, d. h. schon bei geringsten Spuren des Elements auftreten. Diese Kalziumlinien sind deshalb von großer Bedeutung, weil man mit ihrer Hilfe die Protuberanzen photographieren kann. Ja weiter, Hale entdeckte, daß diese beiden Linien sogar vor der Sonnenscheibe an einzelnen Stellen jederzeit, besonders in der Umgebung von Flecken oder in Fackeln, hell auftreten und begründete darauf eine Methode, um diese Kalziumprotuberanzen vor der gesamten Sonne zu photographieren. Abb 21 ist eine Wiedergabe einer Haleschen Photographie der Sonne in dem Licht der Linie λ 3934 und zeigt deutlich die Verteilung dieser von Hale „Calcium flocculi" genannten Gebilde zu beiden Seiten des Äquators in den Fleckenzonen; doch treten sie auch in der Nähe der Sonnenpole auf.

Mit sehr stark zerstreuenden Spektroskopen sind übrigens auch sehr viele andere

VI. Die Sonne

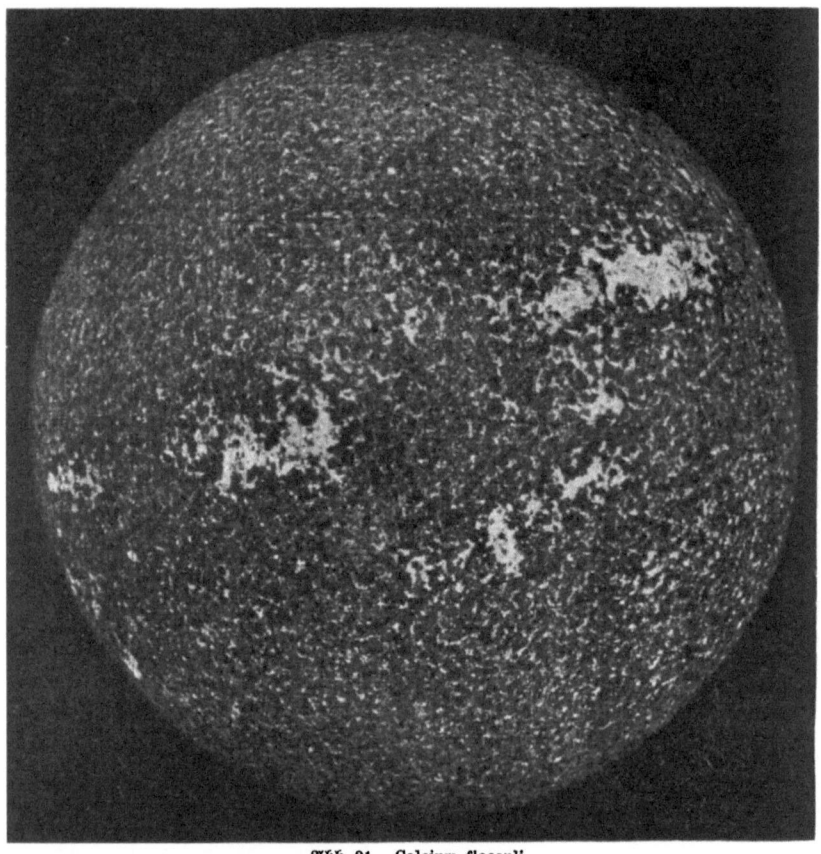

Abb. 21. Calcium flocculi.

Linien vor der Sonne und am Rande der Sonne zeitweise hell zu sehen. Es findet dann dort ein Ausbruch statt, der das betreffende Element auswirft. Solche Protuberanzen nennt man eruptive oder auch wohl metallische. In ihnen pflegt am häufigsten außer den stets auftretenden Elementen das Metall Magnesium zu glühen. Ferner, nach der Häufigkeit des Auftretens geordnet: Eisen, Natrium, Strontium, Barium, Mangan, Titan, Nickel, Cer, Chrom. Doch ist diese Reihenfolge in den letzten Gliedern zweifelhaft. Selten kommen vor Kobalt, Yttrium, Vanadium und Zink, ihr Vorhandensein ist als zweifelhaft zu bezeichnen.

Von dem Aussehen der Protuberanzen und ihrer starken Veränderlichkeit sollen die Photographien der Abb. 22 eine Vorstellung geben.

Deckt man über einen Teller eine Glasglocke und bläst vorsichtig (aus einer

Zigarette, umgekehrt) Rauch hinunter, so lagert dieser nach einiger Zeit ruhig in einer Schicht über dem Teller, entsprechend der ruhenden Chromosphäre. Hält man nun eine Fingerspitze unter den Teller, oder erwärmt ihn gar mit der äußersten Spitze einer Streichholzflamme, so bilden die aufsteigenden Gasströme des Rauches Formen, die den Sonnenprotuberanzen manchmal täuschend ähnlich sehen.

Die Wasserstoffprotuberanzen erreichen manchmal riesenhafte Höhen, zu denen sie mit gewaltiger Geschwindigkeit aufsteigen. Höhen von 3'—4' sind sehr oft zu beobachten, doch hat man auch Höhen bis 7' beobachtet. 3'—4' entsprechen aber dem 20= bis 30fachen Halbmesser der Erde. Die Geschwindigkeiten des Aufsteigens zählen nach Hunderten von Kilometern in der Sekunde, doch gibt es auch lange in fast völliger Ruhe auf der Sonnenfläche lagernde Protuberanzen. — Ebenso veränderlich ist die Form der Protuberanzen. Man spricht von wolken= artigen, strahlenförmigen, nebelartigen Protuberanzen. Oft bilden sie Formen, die der Rauchsäule irdischer Vulkane ähnlich aufsteigen und sich dann ausbreiten, der Pinie ähnlich. Meist nimmt ihre Helligkeit mit der Entfernung von der Oberfläche ab, indem sich die Gase auf einen größeren Raum ausbreiten, auch wohl abkühlen.

Die eruptiven Protuberanzen sind meist klein, hell, stichflammenähnlich und erheben sich nicht zu großen Höhen. Sie treten fast nur in der Nähe von Flecken auf und scheinen mit der Entstehung der Flecken in ursächlichem Zusammen= hang zu stehen.

Die Größe und starke Veränderlichkeit der Protuberanzen ist der Grund ge= wesen, daß hin und wieder Zweifel an ihrer Realität geäußert wurden. Doch sind heute alle Forscher, die wirklich praktisch Protuberanzen beobachtet haben, der Ansicht, daß man es mit reellen Gebilden zu tun hat, die nicht nur durch anormale Brechungen vorgetäuscht werden, wie etwa eine Fata morgana Aller= dings haben diese Zweifel dazu beigetragen, die wahre Ansicht über die Natur der Protuberanzen zu finden: trotz aller Großartigkeit, trotz der Gewaltigkeit, die dem Anblick einer Protuberanz anhaftet, muß man sich nämlich klar machen, daß man es in Wirklichkeit mit einem stark verdünnten Gase zu tun hat, dessen Masse eine verschwindend geringe sein dürfte. Die gewaltigen Flammen — die mit roter Glut aus der Sonne herauszuschlagen scheinen — sind in Wirk= lichkeit vielleicht so dünn, daß sie kaum als leuchtend erkennbar wären, wenn nicht ihre gewaltige Dicke die Helligkeit allmählich so summierte, daß wir sie eben leuchten sehen. Wasserstoff, der in unseren Geißlerschen Röhren glüht, ist vielleicht vielmal dichter als die Sonnenprotuberanzen an ihren dichtesten Stellen.

Doch noch eine weitere Entdeckung hat das Spektroskop auf der Sonne ge= macht. Nach Kirchhoff verdanken alle dunklen Fraunhoferschen Linien im Sonnen= spektrum ihre Existenz der Absorption von glühenden Gasen. Folglich müssen am Sonnenrande eigentlich alle Fraunhoferschen Linien hell erscheinen, da am Rande der dahinterliegende hellstrahlende Kern fehlt. Diese zu erwartende „Um= kehrung sämtlicher Absorptionslinien" konnte lange Zeit nicht erkannt werden. Sie ist auch heute noch nicht zu jeder Zeit, sondern nur bei totalen Sonnen= finsternissen in dem Augenblick sichtbar, wo der dunkle Mond den Kern genau bedeckt, die „umkehrende Schicht" aber freiläßt. In diesem Augenblick be=

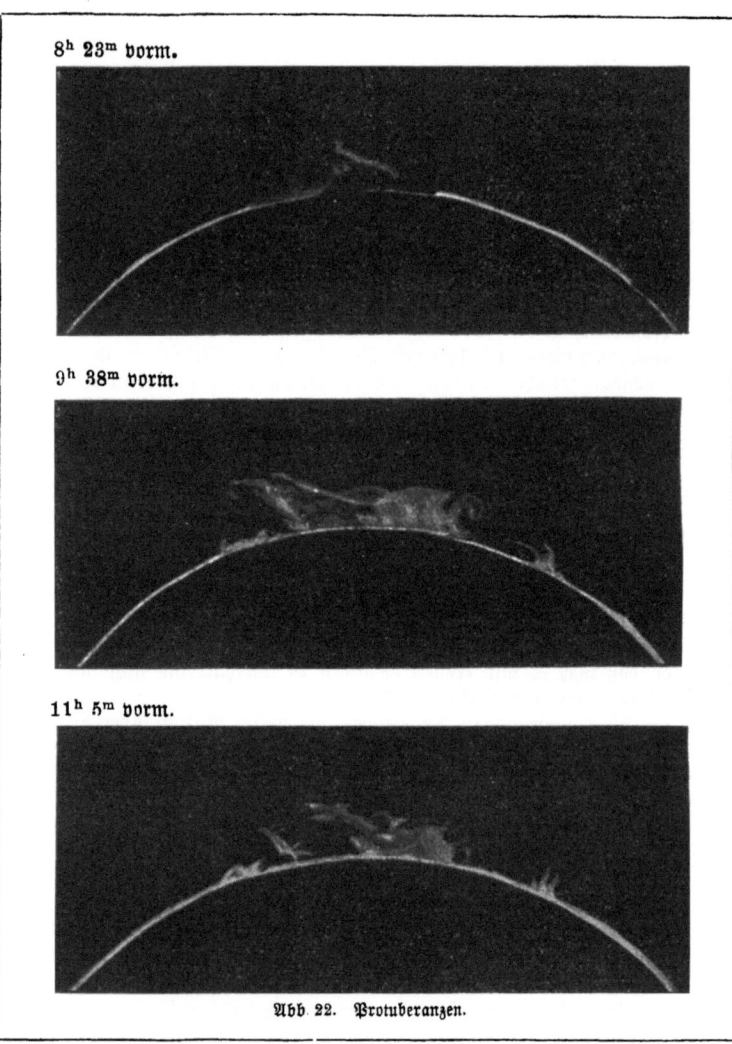

Abb. 22. Protuberanzen.

steht das Sonnenspektrum aus unzähligen hellen Linien. Die Engländer haben dieses Spektrum wegen seiner kurzen blitzartigen Sichtbarkeit „flash" spektrum getauft. Es war unmöglich es zu studieren, da die Zeit seiner Sichtbarkeit nach Sekunden zählt, bis in neuester Zeit die Photographie geholfen hat, es festzuhalten und auszumessen. Es enthält im wesentlichen die Linien der eruptiven Protuberanzen. Die Dicke der „umkehrenden Schicht" ist eine so geringe —

Entwickelung einer Protuberanz

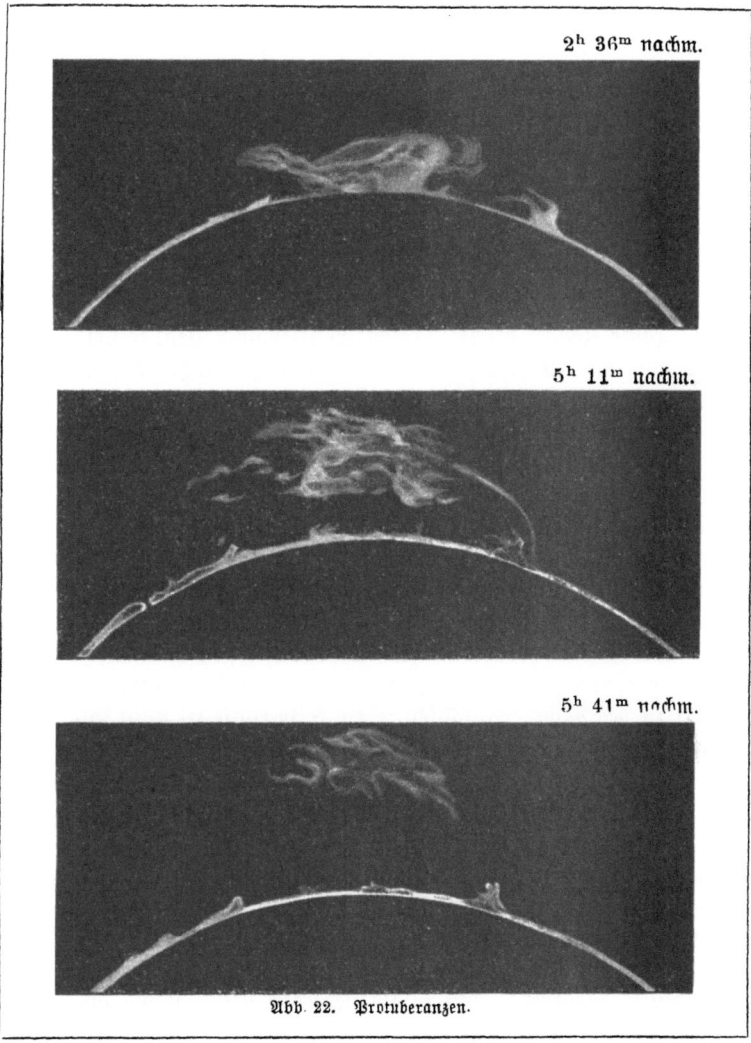

Abb. 22. Protuberanzen.

50 bis 100 Meilen —, daß sie für gewöhnlich durch die Luftunruhe verwischt wird. Nur bei totalen Sonnenfinsternissen und auf hohen Bergen, natürlich mit großen Instrumenten, wird sie erkannt.

An dieser Stelle sei darauf hingewiesen, daß das Spektroskop auch die Sonnennatur aller Fixsterne nachweist, von denen viele ein der Sonne fast gleiches Spektrum zeigen. Dies sind die sog. gelben Sterne. Die weißen Sterne zeigen meist breite Wasserstofflinien, die roten ein Spektrum mit starker Absorption, so daß man unschwer in der Folge weiß, gelb, rot die Wirkung der Abkühlung erkennt. Ebenso hat das Spektroskop die Natur der wahren Gasnebel verraten, die ein Linienspektrum zeigen, zum Unterschied von den Nebeln, die unauflösbare Sternhaufen sind und also ein kontinuierliches Spektrum haben. (Andromeda=Nebel.)

Leider verbietet der Mangel an Raum, auf die Wunder sämtlich einzugehen, die die Spektroskopie am Himmel geleistet hat.

VII. Der Mond.

Der ganze Zauber einer Mondnacht liegt über dem sommerlichen Lande, wie ich dies schreibe. In mildem Lichte steht der Gesell der Erde am südlichen Himmel. „Er ist nur halb zu sehen und ist doch rund und schön" sagt Matthias Claudius, und Goethe hat ihm das innig ernste Lied gewidmet, für das Schubert seine fast überirdisch schöne Musik schrieb. Klopstock nennt ihn den Gedankenfreund und — doch der Reichtum ist zu groß, um erschöpft zu werden. Halten wir uns an den „Gedankenfreund", möge der „silberne Mond, der durchs Gesträuche blinkt" auch uns zu denken geben. Er birgt der Rätsel genug.

Das Milde des Lichtes ist allen Völkern zu allen Zeiten aufgefallen, und die alten Römer und Griechen dachten sich Luna und Selene mit viel größerer Feinfühligkeit weiblich, als die Germanen bewiesen, die ihn zu den Männern zählen. Sein Silberlicht ist nicht Glut und eigenes inneres Feuer, es ist erborgt, ist nur der Widerschein der Beleuchtung. Daher sieht der Mond nicht immer gleichgestaltet uns an, er ist bald voll von vorn, bald halb von rechts oder links beleuchtet, uns seine Kugelgestalt zu gleicher Zeit mit dem Fehlen von Eigenlicht verratend. Wer den Mond beleuchtet, verrät uns sehr bald seine Gestalt, seine Phase, gleichfalls; er ist stets hell auf der der Sonne zugekehrten Seite, bei uns am Abendhimmel ist er rechts beleuchtet, ein Z beginnend, am Morgenhimmel ist er links beleuchtet, ein A mit seiner Sichel beginnend. So erzählt er jedem Kinde schon, ob er zu= oder abnimmt. (Nur in Frankreich und bei romanischen Völkern ist er ein Lügner, la lune est menteuse, quand elle croît, elle fait un D quand elle décroit, elle fait un C!) Gegen diese Tatsache freveln die Maler recht oft, so ist in der Aula des Gymnasiums Insterburg auf sehr schönen Bildern zur Odyssee neben der „Morgenröte mit ihrem Rosenfinger" der — zunehmende Mond zu sehen!

Mondphasen. Erdlicht

Verfolgen wir nun den Mond eine Zeitlang. Er taucht eines Tages als schmale zunehmende Sichel am Abendhimmel auf, nahe der Stelle, an der die Sonne untergegangen ist. Dies pflegt 2—3 Tage nach dem Zeitpunkt zu geschehen, an dem er zwischen Erde und Sonne gestanden hat, an dem wir „Neumond" gehabt haben. Doch ist dies sehr verschieden. Jeder Kalender gibt die Zeiten des Neumonds an: versuche einmal, den Mond möglichst früh — auch bei Tage — nach Neumond zu sehen und stelle Beobachtungen darüber an, lieber Leser.

Von Tag zu Tag wird dann die Mondsichel breiter, ihr Abstand von der Sonne größer, ihre Helligkeit auffallender. In diese Tage fällt eine Erscheinung, die jeder schon einmal gesehen hat: das Erdlicht auf dem Monde; nicht nur die Sichel ist erkennbar, auch der dunkle Teil des Mondes strahlt in mattem grauen Licht, beleuchtet durch die Erde. Die Helligkeit dieses Erdlichtes ist sehr verschieden. Man kann sie von Tag zu Tag verfolgen, sie wird mit zunehmender Helligkeit des Mondes abnehmen; aber auch bei verschiedenen Umläufen in gleicher Phase ist das Erdlicht verschieden stark; man glaubt einen Einfluß der Wolken der Erde, ja sogar der Stellung der Erde nachgewiesen zu haben, je nachdem ob Landmassen oder Ozeane ihr Licht auf den Mond zurückstrahlen.

Sieben Tage nach Neumond ist die rechte Hälfte des Mondes erleuchtet, wir haben die Phase erstes Viertel, der Phasenwinkel ist 90°. Der Zeitpunkt des ersten Viertels ist für den Mondumlauf von Wichtigkeit. Wir wollen versuchen, ihn genauer festzulegen.

Man zeichne einen Kreis von 10 cm Durchmesser und in diesen hinein einen Durchmesser von oben nach unten. In dieses Schema zeichnet man mindestens zweimal den Bogen der Schattengrenze des Mondes ein, einmal vor, einmal nach dem ersten Viertel, mit den zugehörigen Zeiten. Mißt man dann die größten Abweichungen d_1 und d_2 der Schattengrenze von dem eingezeichneten Durchmesser, und sind t_1 und t_2 die zugehörigen Zeiten, so ist, wenn die Beobachtungen kurz vor und nach dem ersten Viertel gemacht sind,

$$t_1 + \frac{d_1}{d_1 + d_2}(t_2 - t_1)$$

die gesuchte Zeit des ersten Viertels. Wiederholt man nach einem, zwei usw. Mondumläufen diese Bestimmung, so ergibt sich schließlich mit ziemlicher Genauigkeit die Zeit, die zwischen zwei gleichen Mond-

VI. Der Mond

phasen vergeht, das heißt die „synodische Umlaufszeit" des Mondes. Genauer wird diese aus dem Eintritt des Vollmondes, etwa 14 Tage nach Neumond erhalten. Bei Vollmond steht der Mond in gerader Linie mit der Sonne und der Erde, der Sonne gegenüber. Geht z. B. die Sonne im wahren Mittag durch den Meridian, so geht der Vollmond genau 12^h später hindurch. Man bestimmt also die Durchgangszeiten der Sonne und des Mondes durch den Meridian, z. B. in der Camera obscura und bildet Tag für Tag die Differenz der Durchgangszeiten für Sonne und Mond. Diese sind z. B. beobachtet

Datum	Sonne	Mond
1910 Mai 22.	$23^h 56^m,4$	$10^h 59^m,0$
1910 „ 23.	$23^h 56^m,5$	$11^h 43^m,5$
1910 „ 24.	$23^h 56^m,4$	$12^h 30^m,8$

Dabei ist mit dem Astronomen der Tag von Mittag bis Mittag zu 24^h gezählt. Die Differenzen sind die folgenden:

Datum	Differenz
1910 Mai 22.	$11^h 2^m,6$
1910 „ 23.	$11^h 47^m,0$
1910 „ 24.	$12^h 34^m,4$

Zwischen dem 23. und 24. Mai 1910 ist also der Mond genau 12^h nach der Sonne durch den Meridian gegangen, d. h. Vollmond gewesen. Eine Interpolation — unter Annahme gleichförmiger Bewegung des Mondes — ergibt die genaue Zeit für den Eintritt des Vollmondes. Man bildet

$$12^h - 11^h 47^m,0 = 13^m,0$$
$$12^h 34^m,4 - 12^h = 34^m,4$$

und teilt die Zeit zwischen den Durchgängen vom 23. und 24. Mai in 2 Teile, die sich wie 13,0 zu 34,4 verhalten. Es ist die Zeit zwischen den beiden Durchgängen gleich $24^h 47^m,4$, also ist

$$\frac{x}{24{,}79} = \frac{13{,}0}{47{,}4}, \text{ also } x = 6^h,799$$

d. h. $6^h 47^m,9$ nach der Zeit der Kulmination am 23. Mai ($11^h 43^m,5$) ist Vollmond gewesen, d. h. um

$$1910 \text{ Mai } 23, 18^h 31^m,4.$$

Umlaufszeiten des Mondes

Diese Berechnung ist bis auf 1^m richtig. Auf diese Weise bestimmt man auch den nächsten usw. Vollmond und findet so, indem man nach z. B. 10 Umläufen die gesamte Zwischenzeit durch 10 dividiert, die synodische Umlaufszeit des Mondes schon auf den 10. Teil der Minute genau. Es ist z. B. 50 Umläufe vor dem oben berechneten Vollmond das Eintreten des Vollmonds beobachtet und berechnet am 1906 Mai 8, $3^h\ 3^m,3$. Die Zwischenzeit ist

1476 Tage 15 Stunden 28,1 Minuten.

Dividiert man durch die Zahl der Umläufe, 50, so folgt als synodische Umlaufszeit des Mondes: 29,53289 Tage, während die Astronomen 29,53059 Tage gefunden haben. — 7,6 Tage nach Vollmond tritt das letzte Viertel ein.

Um die siderische Umlaufszeit des Mondes zu bestimmen, d. h. die Zeit, die er braucht, um zu demselben Stern zurückzukehren, zeichnen wir seinen Ort, z. B. zur Zeit des 1. Viertels, in eine nach unserem Sternverzeichnis selbst entworfene Sternkarte ein und warten ab, nach welcher Zeit er denselben Ort wieder erreicht. Dies ist nach 27 Tagen etwa der Fall. Genauer ergibt sich die siderische Umlaufszeit aus genauen Ortsbestimmungen mit dem Ringmikrometer, die ebenso wie bei der Sonne zur Zeit des Vollmonds auszuführen sind. So fand sich

1910 Mai 23, $12^h\ \alpha = 15^h\ 46^m,7$
1910 Juni 19, $12^h\ \alpha = 15^h\ 33^m,3$
1910 Juni 20, $12^h\ \alpha = 16^h\ 22^m,5$.

Der Mond hat sich also in 24 Stunden (vom 19. zum 20. Juni Mitternacht) um $49^m,2$ (oder $12°,3$) bewegt. Zwischen den beiden letzten Beobachtungen hat er also dieselbe Stellung wie am 23. Mai zu einer Zeit gehabt, die die Interpolationsproportion erfüllt:

$$x : 1 \text{ Tag} = 13^m,4 : 49^m,2$$
$$x = 0,27$$

Also ist seine siderische Umlaufszeit beschlossen in der Zeit vom Mai 23,5 bis Juni 19,77. Die Zwischenzeit ist 27,27 Tage. Genauere, vor allem längere Beobachtungen ergeben 27,32166 Tage. In dieser Zeit durchläuft der Mond seine wahre Bahn im Raume, die ja nach Kepler eine Elipse sein muß.

Einer auffälligen Tatsache wollen wir gleich hier gedenken. Während des Umlaufs des Mondes um die Erde zeigt der Mond der

Erde immer dieselbe Seite. Die dunklen Flecke, die nach einigen phantasiebegabten Leuten einen „Mann im Monde" vorstellen, nach anderen mehr lyrisch beanlagten ein Liebespaar, sind nämlich im Vollmond immer dieselben und tauchen immer in derselben Lichtgestalt des Mondes aus der Schattengrenze auf. Daraus folgt, daß der Mond sich so bewegt, als wäre er mit einer Stange an der Erde befestigt, wir sehen niemals seine Kehrseite. Bezogen auf den Weltenraum, muß sich der Mond also in 27,32 ... Tagen um seine Achse drehen. Diese Erscheinung, die man auch bei einzelnen Monden des Jupiter vermutet, ist aus der Einwirkung des Hauptplaneten auf die Monde zu erklären. Denken wir uns den Mond noch glühend flüssig, so muß die Erde den ihr nächsten Punkt des Mondes mehr als den Mittelpunkt und diesen wieder mehr als den von ihr abgewandten fernsten Punkt angezogen haben. Daraus folgt, daß der nächste Punkt sich der Erde mehr genähert haben muß als der Mittelpunkt und dieser mehr als der fernste Punkt der abgewandten Mondhälfte. Der Mond muß also eine längliche Gestalt erlangt haben mit zwei Wülsten, deren Verbindungslinie auf die Erde zu zeigt. Wir nennen diese Wirkung „Flutwirkung" zweier Himmelskörper aufeinander. Auch der Mond übt ja bekanntlich dieselbe, wenn auch schwächere Wirkung auf die Wassermassen der Erde aus. Drehte sich nun der Mond um sich selbst schneller als er es heute tut, so würden die beiden Flutberge doch immer verbunden auf die Erde zeigen; die Mondgegenden würden unter ihnen laufen und abwechselnd Flut und Ebbe haben. Die damit verbundene innere Reibung, die beim Erkalten des Mondes besonders stark wurde, muß die Kraft zur Umdrehung allmählich so weit aufgezehrt haben, daß die Flutberge immer an derselben Stelle des Mondes stehen konnten, d. h. daß seine Umdrehungszeit gleich seiner Umlaufszeit wurde. So ist es heute der Fall. Eine ähnliche Wirkung des Mondes auf die Erde muß allmählich unseren Tag verlängern, nur geschieht dies viel langsamer und ist bisher noch nicht nachgewiesen.

Der Mond ist also keine Kugel, sondern ein Ei, dessen gleichspitze Enden auf die Erde zeigen — bzw. von ihr abgewandt sind. In der Tat hat Prof. Franz in Breslau durch genaue Höhenmessungen gefunden, daß der Mond um ein Tausendstel seines Halbmessers auf die Erde zu verlängert ist.

Die Entfernung des Mondes haben die Astronomen durch ge-

Achsendrehung des Mondes

naueste Bestimmung seines Ortes von zwei möglichst weit entfernten Sternwarten bestimmt. Sie ergab sich zu 385080 km im Mittel entsprechend einer gemessenen Verschiebung, Parallaxe, des Mondes von 57′2″,27 für zwei Orte in der Entfernung des Erdhalbmessers. Nachdem man einmal die Entfernung und Parallaxe des Mondes kennt, benutzt man seine Parallaxe oft zur Ortsbestimmung, z. B. auf See, wo die „Monddistanzen", d. h. die Abstände des Mondes von Sternen seiner Umgebung ein besonders zur Zeit der schlechten Uhren beliebtes Mittel zur Berechnung des Schiffsortes waren.

Infolge der Abweichung der Mondbahn von einem Kreise wechselt die Entfernung des Mondes beträchtlich. So ist es erklärlich, daß auch seine scheinbare Größe starken Schwankungen unterworfen ist. Bestimmen wir den scheinbaren Durchmesser des Vollmondes, indem wir die Schläge unserer Taschenuhr σ zählen, die er braucht, um an einem senkrecht aufgehängten Faden vorüberzugehen, so ist sein Durchmesser
$$d = 15\,\sigma \cos \delta.$$
δ ist die Deklination des Mondes, die ungefähr aus jeder Sternkarte entnommen wird. Man benutze ein schwaches Blendglas, da der glänzende Mond uns **größer** erscheint als er ist. Sein Durchmesser schwankt zwischen 33′19″, wenn der Mond in Erdnähe (Perigäum), und 29′24″, wenn der Mond in Erdferne (Apogäum) sich befindet. Aus seinem scheinbaren Durchmesser (im Mittel 31′21″,5) und seiner Entfernung 385080 km folgt sein wahrer Durchmesser
$$D = \frac{385080 \cdot 31',36 \cdot \pi}{180 \cdot 60} = 3500 \text{ km}.$$
Die genaue Zahl ist 3480 km.

Aus Beobachtungen der täglichen Geschwindigkeit des Mondes (aus Ortsbestimmungen) ergeben sich die Zeiten der Erdnähe (größte Geschwindigkeit und größter scheinbarer Durchmesser) und der Erdferne. Die Zeit, die zwischen dem Eintreten zweier Erdnähen vergeht, müßte nun eigentlich gleich der siderischen Umlaufszeit sein. Längere Beobachtungen haben jedoch gelehrt, daß sie etwas länger, nämlich gleich 27,55460 Tagen ist. (Anomalistische Umlaufszeit.) Daraus folgt, daß die Bahnellipse des Mondes im Raume nicht dieselbe Lage behält, sondern **wandert**. Erdnähe und Erdferne sind nun in der Ellipse die beiden Scheitelpunkte; ihre Verbindungslinie, die große Achse, heißt Apsidenlinie. Die Apsidenlinie des Mondes dreht sich also. Er kehrt nach einem Umlauf nicht mehr in dieselbe Bahnellipse zurück, ganz ähnlich wie ein an einem Faden (in der Hand halten!) aufgehängter Stein, den man in einer Ellipse schwingen läßt, allmählich sich dreht und eine verschlungene Linie wie Abb. 23 beschreibt. Dieses Vorschreiten der Apsidenlinie findet seine Erklärung in der Störung der Mondbahn durch die Sonne: steht der Mond nämlich zu gleicher Zeit in Erdferne und Neumond, so zieht ihn die Sonne stark an, er entfernt sich noch weiter von der Erde, d. h. seine Erdferne tritt erst kurz darauf ein, sie wandert vor in der Bahn. Bei Vollmond und Erdnähe tritt zwar das Entgegengesetzte ein, die Apside schreitet zurück; weil aber in der Erdferne der Mond sich langsamer bewegt als in der Erdnähe, ist die Störung dort bedeutender: es bleibt ein Vorschreiten als Wirkung übrig. Ähnliche störende Kräfte treten um die Zeiten der Viertel auf, so daß die Mondbahn eine sehr verwickelte, Prof. Franz sagt „bohnenförmige" Gestalt erhält. Dazu kommt noch, daß die Mondbahn eine deutliche Neigung gegen die Bahn der Erde um die Sonne hat, so daß die Sonne auch auf diese Neigung störend wirkt. Die Autorität auf dem Gebiete der Mondbahn, Hansen in Gotha, stellte 202 verschiedenartige Störungen in der Bahn, 124 senkrecht zur Bahn und 189 in der Entfernung von der Erde auf! Wir wollen sie uns schenken und nur noch erwähnen, daß man die Zeit, die zwischen zwei gleichgerichteten Durchgängen des Mondes durch die Erdbahnebene, d. h. die Zeit zwischen den Eintritten in den aufsteigenden Knoten, einen drakonitischen Umlauf nennt und zu 27,21222 Tagen bestimmt hat. Daher die Bezeichnung „Drachenmonat". Die Neigung der Mondbahn gegen die Ekliptik läßt sich aus Ortsbestimmungen des Mondes zur Zeit der größten Erhebung über die Ekliptik leicht ablesen. Sie findet sich zu 5° 8′ 40″ im Mittel. Hieraus erklärt sich, daß der Mond im Maximum 23° 27′ plus 5° 9′ gleich 28° 36′ Abweichung vom Äquator haben kann, wenn seine Neigung nämlich sich zu der der Ekliptik addiert. Dann erreicht der Mond besonders große und besonders geringe Kulminationshöhen. Dies wird im Jahre 1932, 1950 und so fort nach 18,6 Jahren der Fall sein, da die Knoten in 18,6 Jahren einmal auf der Ekliptik herumgewandert sind. Hat der Mond 28° 36′ nördliche Deklination, so ist seine Poldistanz nur noch 61° 24', d. h. auf dem Breitenkreise 61° 24' geht der Mond nicht mehr im Norden unter, er ist zirkumpolar, wie bei uns der Stern Capella oder im nördlichen Deutschland die Wega. Ja wegen des 15' betragenden Halbmessers des Mondes und wegen der 35' betragenden Hebung durch die atmosphärische Brechung wird dann der obere Rand des Mondes schon bei 60° 34' Breite im Norden nur gerade noch untergehen. Auf dieser Breite liegt etwa Bergen in Norwegen, Falun und Dannemora in Schweden, Petersburg in Rußland. Aber auch bei uns wird das starke Ausweichen des Mondes nach Norden und Süden schon auffällig genug werden. Bei der Frage nach der Höhe des Mondes ist an eine bekannte Erscheinung zu erinnern: im Sommer steht der Vollmond tief im Süden, im Winter sehr hoch, dem Zenit nahe, als ob er geschaffen sei zur Erhellung unserer Nächte. Diese Erscheinung erklärt sich aus der Lage der drei Gestirne Sonne, Erde, Mond; denn da der Vollmond stets der Sonne gegenüber steht (er geht bei Sonnenuntergang auf!), so muß er einen kleinen Tagbogen beschreiben, wenn die Sonne einen großen beschreibt, also wenn es Sommer ist — und umgekehrt im Winter.

Ebenfalls aus der Stellung der drei Gestirne folgt, warum die Erde ihren Schatten immer nur bei Vollmond auf den Mond werfen kann, weshalb also eine Mondfinsternis nur bei Vollmond eintreten kann. Daß nicht bei jedem Vollmond eine Finsternis eintritt, folgt aus der Neigung der Mondbahn gegen die Erdbahn: nur wenn der Vollmond in der Nähe der Erdbahn, d. h. der Knoten der Mond- und Erdbahn eintritt, ereignet sich eine Finsternis. Daraus folgt, daß Mondfinsternisse zweimal im Jahr im Abstande eines halben Jahres eintreten können. Diese Zeiten liegen im Jahre 1921 im April und Oktober und zwar steht der Mond im Oktober im aufsteigenden, im April im absteigenden Knoten. Einen halben Umlauf nach oder vor einer Mondfinsternis steht der Mond in dem anderen Knoten und nun wieder in einer Geraden mit Sonne und Erde, nur zwischen beiden: es erfolgt also eine Sonnenfinsternis. So erklärt sich das paarweise Auftreten von Sonnen- und Mondfinsternissen. Da die Knoten der Mondbahn in 18,6 Jahren einmal die Ekliptik durchwandern, so wiederholen sich in dieser Periode, dem „Saros", die Finsternisse. Folgende Finsternisse treten in den nächsten Jahren ein (bei Sonnenfinsternissen sind nur die totalen, wo der Mond die ganze Sonne verdeckt, angegeben, bei Mondfinsternissen nur die in Deutschland sichtbaren totalen Finsternisse):

(5. Mai 1920 totale Mondfinsternis von $1^h\, 10^m$ Dauer.)

21. September 1922 in Nordaustralien totale Sonnenfinsternis.

10. September 1923 totale Sonnenfinsternis im Süden der Vereinigten Staaten.

14. August 1924 totale Mondfinsternis von $1^h\, 40^m$ Dauer.

24. Januar 1925 totale Sonnenfinsternis in Nordamerika.

14. Januar 1926 totale Sonnenfinsternis im Indischen Ozean.

29. Juni 1927 totale Sonnenfinsternis in Norwegen.

8. Dezember 1927 totale Mondfinsternis von $1^h\, 24^m$ Dauer (nur teilweise sichtbar).

2. April 1931 totale Mondfinsternis von $1^h\, 34^m$ Dauer.

26. November 1931 totale Mondfinsternis von $1^h\, 20^m$ Dauer.

31. August 1932 totale Sonnenfinsternis in Labrador und dem Nördlichen Eismeer.

Von allen totalen Sonnenfinsternissen ist also keine einzige in Deutschland sichtbar, gegen sieben in Deutschland sichtbare totale Mondfinsternisse. Das ist selbstverständlich; denn eine Sonnenfinsternis ist nur an den Orten der Erde sichtbar, die von dem Schatten des Mondes getroffen werden, eine totale Mondfinsternis ist aber an allen Orten der Erde sichtbar, an denen der Mond überhaupt zu sehen ist, das ist auf einer ganzen Erdhälfte. Alle Erscheinungen einer totalen Mondfinsternis sind deshalb auch an allen Orten zu gleicher Zeit sichtbar.

An dem Schatten der Erde unterscheiden wir zwei Teile, den gänzlich lichtlosen Kernschatten und den Halbschatten. Der erste ist ein Kegel, dessen Spitze 3,6mal so weit von der Erde entfernt ist wie der Mond selbst. Man kann hieraus die Dicke des Schattenkegels an der Stelle berechnen, an der der Mond den Kegel schneidet. Er muß hier 2,6mal so groß sein wie der Mond selbst. Daraus folgt die Dauer einer Mondfinsternis zu 3 Stunden 43 Minuten, die Dauer der völligen Verfinsterung zu 1 Stunde 45 Minuten, wenn der Mond gerade durch die Mitte des Schattens geht.

Die Mondfinsternis beginnt am westlichen, d. h. von uns aus linken Rand des Mondes, mit einer leichten Verschleierung; das ist der Halbschatten der Erde. Dann erfolgt der Eintritt in den Kernschatten (1. Berührung), und langsam verbreitet sich die schwarze Zone über den Mond, bis sie ihn ganz bedeckt (2. Berührung). Nach einiger Zeit taucht am westlichen Mondrand der erste beleuchtete Punkt auf (3. Berührung), die Schattengrenze wandert, den Mond nach und nach freigebend, zum Ostrande (4. Berührung). Ein leichter Schleier deutet den Halbschatten an, der aber bald verschwindet. Die vier Zeiten der Berührungen stelle man

Abb. 24. Mondfinsternis nach Weinek.

mit der Uhr bis auf 1^m genau fest. Daneben sind die Färbungen der Beobachtung wert: der völlig verdunkelte Mond bleibt nämlich stets sichtbar, indem er offenbar von der hellen Erdatmosphäre, Wolken und anderem noch beleuchtet wird.[1]) Je nach den meteorologischen Zuständen dieser Randzone (die also den verfinsterten Mond im Horizont sieht) wechselt seine Farbe von grau bis braun und rot zu violetten Tönen. Eine teilweise (partielle) Finsternis bietet nicht so schöne Erscheinungen wie die totale. Abb. 24 gibt den Anblick des halb verfinsterten Mondes nach Weinek wieder.

Damit sind wir am Ende dessen angelangt, was sich gewöhnlich am Mond mit bloßem Auge beobachten läßt. Die Astronomen sehen ihn in ihren Fernrohren von allen Himmelskörpern am besten, da er uns am nächsten ist. Ein Gebäude von 100 m Länge würde man als Punkt noch erkennen können. Und doch haben sich eigentlich wenig Ergebnisse der physikalischen Mondforschung herausgestellt: der Mond ist ein toter Körper; keine Veränderung hat man auf ihm finden können, die mit Sicherheit als solche festgestellt wäre.

Schon kleine Fernrohre zeigen ihn (Abb. 25) übersät mit zahlreichen kraterähnlichen Gebirgen, während die schon dem bloßen Auge sichtbaren grünlichdunklen Flecke sich als weite Ebenen herausstellen. Die Größe der Krater erreicht riesige Abmessungen: so ist der Krater Kopernikus 90 km im Durchmesser groß. Noch größere Krater heißen Ringgebirge. Aus ihrer Größe folgt, daß sie der Natur nach den Erdkratern nicht vergleichbar sind. Man faßt die Mondkrater als Erstarrungsprodukte geschmolzener Massen auf und hat mit

---

1) Bei der Finsternis vom 17. November 1910 war die Farbe des verdunkelten Monds auffallend hell — von vielen Beobachtern gelb genannt.

114   VII. Der Mond

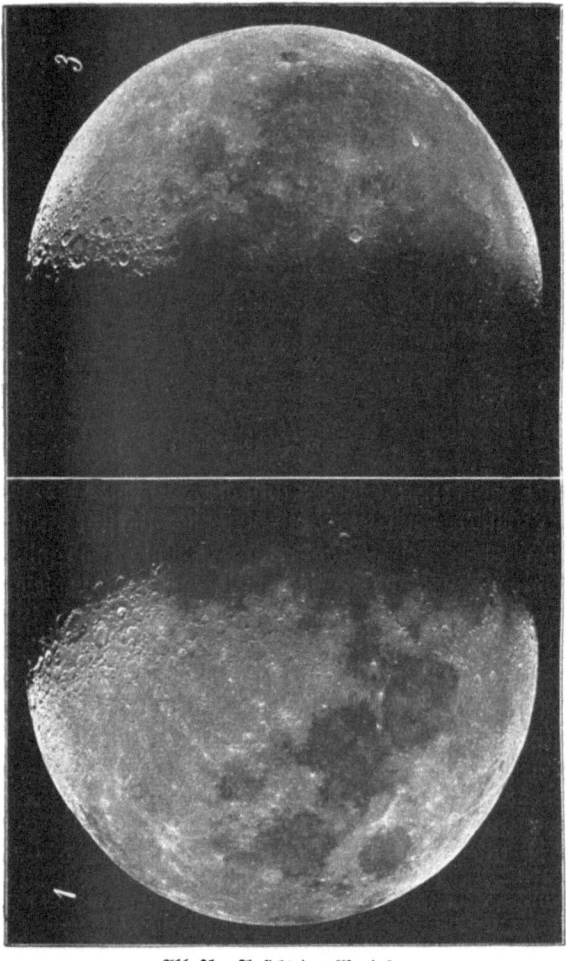

Abb. 25. Ansicht des Mondes.

geschmolzenen Metallen in der Tat ähnliche Bildungen erzeugen können. Daneben sind nur wenige Kettengebirge vorhanden. Weite Ebenen haben den Namen Mare erhalten, sind aber frei von Wasser. Sie sind dunkel, grünlich gefärbt und haben die „Albedo" 0,08, d. h. sie senden nur 8 Prozent des auf sie auffallenden Lichtes zurück. Vergleicht man damit die Albedo einiger irdischer Körper, z. B.

von frischem Schnee 0,78,
von weißem Papier 0,70,
von weißem Sandstein 0,24,
von Tonmergel 0,16,
von feuchter Ackererde 0,08,

so ersieht man, daß das Material der Mare unserer Ackererde an Schwärze gleichkommt. Der ganze Mond hat 0,12 Albedo, etwa die von Porphyr. Die Meere sind mit bloßem Auge gut zu erkennen. Sie liegen nicht regellos verteilt, sondern bilden einen Gürtel um den Mond, der im Vollmond zu Tage tritt. Nach Franz setzen sich die Mare auch auf der Rückseite des Mondes fort.

Ganz eigentümlich sind jedoch zwei Oberflächengebilde auf dem Mond: die Strahlensysteme und die Rillen. Die Strahlensysteme zeigt jedes Opernglas bei Vollmond. Es sind weiße Streifen, die von vielen Kratern ausstrahlen und den ganzen Mond überziehen. Besonders schön ist das vom Krater

Tycho (links unten) ausgehende System, das dem Mond die Gestalt einer Apfelsine gibt. Wahrscheinlich sind die Strahlen Auswürfe des Kraters. Die Rillen sind Sprünge in der Mondoberfläche, wie sie sich im kleinen auf der Erde in trocken gewordenem Schlick oder Lehm bilden. Ähnlich sind wohl die Rillen des Mondes als Sprünge der ihn bildenden Felsmassen zu erklären. Mehrere Hundert solcher Rillen sind bekannt.

Wolken hat man niemals auf dem Monde gesehen, mit völliger Schärfe liegt bis zum Rande hin seine Oberfläche vor dem Beobachter. Wasserdampf und Wasser fehlen also dem Monde. Aber auch keine atmosphärische Luft umgibt ihn. Sie müßte sich bei Sonnenfinsternis als Saum um den Mond, vor allem aber verraten, wenn ein Fixstern hinter den Mond zu stehen kommt. Die Erklärung für dieses Fehlen liegt in der geringen Anziehungskraft des Mondes. Denn ebenso wie auf der Erde die leichten Gase Wasserstoff und Helium fehlen, weil die Erde nicht die Kraft hat, sie festzuhalten, so haben den Mond auch Sauerstoff, Stickstoff und Wasserdampf lange verlassen.

Ein toter Stein vollführt er seine ewig wechselnde Bahn.

VIII. Die Planeten.

Schon den Babyloniern und Ägyptern war bekannt, daß einige Gestirne sich nicht in bestimmten Sternbildern stets an der gleichen Stelle finden, sondern ihren Ort am Himmel verändern; sie führen den Namen Wandelsterne oder Planeten. Nach der Entdeckung zweier mit bloßem Auge nicht sichtbarer gibt es heute acht große Planeten.

Wir wollen versuchen, aus Ortsbestimmungen der Planeten einiges über ihre Bewegung unter den Fixsternen zu erfahren. Mit Hilfe einer guten Sternkarte, die man sich aus dem Sternverzeichnis dieses Büchleins selbst herstellen kann, wird man den täglichen Ort eines Planeten festzulegen suchen. Ja — wird der Leser fragen — woran erkennen wir denn die Natur eines Sternes als Wandelstern? Leider gibt es dazu kein anderes Erkennungsmittel, als eben seine Ortsveränderung. Nebenbei allerdings zeichnen sich manche Planeten durch eine besonders große Helligkeit aus, auch ist ihr Licht ein ruhigeres als das der Fixsterne (S. 2). Ein sicheres Erkennungsmittel aber ist unmöglich für das bloße Auge anzugeben. Zur Erleichterung sind bei der Besprechung der einzelnen Planeten später die ungefähren Zeiten ihrer Sichtbarkeit angegeben.

Durch Schätzen von Abständen wird man den Ort in eine Sternkarte einzeichnen können. Dann ergibt sich die scheinbare Bahn des Gestirnes durch Verbindung dieser täglichen Orte durch einen freien

Zug zu einer Kurve. Bei längere Zeit fortgesetzter Beobachtung desselben Planeten wird man hierdurch folgendes finden: der Lauf eines Planeten ist durchaus nicht gleichmäßig, weder der Richtung nach, noch der täglichen Größe nach. Die Bahnen laufen hin und zurück unter den Fixsternen, und die täglich zurückgelegte Strecke ist sehr verschieden, was ja schon daraus folgt, daß beim Hin- und Zurückgehen des Gestirnes ein Punkt des Stillstandes eintreten muß. Die Hauptpunkte der scheinbaren Bahn sind diese „Stillstandspunkte". Daneben noch die Punkte der Bahn, in denen sich die Planeten am schnellsten zu bewegen scheinen. Beide Momente sind nur sehr ungenau aus den Einzeichnungen in eine Karte zu bestimmen. Setzt man aber diese Aufzeichnungen jahrelang fort, so erkennt man als die erste große Regelmäßigkeit, daß diese festen Punkte der scheinbaren Bahn nach fast genau der gleichen Zeit von dem Planeten wieder erreicht werden. Man kommt zu dem Begriff einer „Umlaufszeit" des Planeten, die schon nahe die später zu bestimmende „synodische Umlaufszeit" ist. — Doch versuchen wir, uns die Gesetzmäßigkeiten der Bahn zu erklären, indem wir die Anschauungen des Kopernikus und Kepler zugrunde legen. Die wahren Bahnen der Planeten sind danach durch folgendes Gesetz geregelt:

„Die Planeten laufen in Ellipsen um die Sonne, die selbst in einem Brennpunkt der Ellipse steht."

Da nach Kopernikus die Erde selbst zu diesen um die Sonne laufenden Planeten gehört, wofür ein unantastbarer Beweis die auf S. 55 besprochene Aberration des Lichtes ist, so hängt der scheinbare Ort eines Planeten außer von seiner eigenen Stellung im Weltenraum von der Stellung der Erde selbst ab. Dabei tritt nun folgendes ein: die Erde steht mit dem Planeten und der Sonne in einer Geraden, der Planet selbst steht außerhalb (sog. Opposition eines Planeten). Dann laufen Erde und Planet parallel in der gleichen Richtung, aber die Erde schneller. Folglich muß der Planet zurückzubleiben scheinen, er ist „rückläufig". Die Erde läuft weiter in ihrer Bahn, bis sie genau von dem Planeten weggerichtet läuft. Dann würde der Planet stillstehend erscheinen müssen, abgesehen von seiner kleinen wahren Bewegung. Also kommt nur diese wahre Bewegung zur Geltung, der Planet ist wieder rechtläufig (dieser Punkt heißt die „Quadratur"). Da der Planet vorher rückläufig war, so muß wegen der Stetigkeit der in Betracht kommenden Bewegungen zwischen der Opposition, aber näher der Quadratur wegen der kleinen Bewegung des Planeten, der „Stillstand" eintreten. Ebenso gibt es vor der Opposition einen Stillstand und eine Quadratur. In den übrigen Teilen der Bahn der Erde verstärken sich die Bewegungen von Erde und Planet, also ist der Planet sonst stets rechtläufig.

Da die Opposition in der Mitte zwischen den beiden „Stillständen" liegt, so sind unsere Einzeichnungen geeignet, den Tag der Opposition zu bestimmen. Die Zeit, die zwischen zwei Oppositionen liegt, ist die schon oben erwähnte „synodische Umlaufszeit". Sie ist die wichtigste Zahl der scheinbaren Bahn des Planeten, um so wichtiger, als sich aus ihr die Umlaufszeit des Planeten in seiner wahren Bahn, seine siberische Umlaufszeit finden läßt. Denn stände der Planet still, so würde die Erde nach einem Jahr wieder mit ihm in Opposition treten. Dann wäre seine synodische Umlaufszeit gleich 1 Jahr. Die Anzahl Tage, die sie nun länger als ein Jahr ist, gebraucht die Erde, um das von dem Planeten selbst zurückgelegte Stück wieder einzuholen. Bezeichnen wir die synodische Umlaufszeit mit y, seine siberische Umlaufszeit um die Sonne mit x, so ist

$$y : x = (y - 365{,}25) : 365{,}25.$$

Oder auch auf anderem Wege: Der Planet legt in seiner synodischen Umlaufszeit ein Stück seiner Bahn zurück, das im Winkelmaß von der Sonne aus gesehen gleich dem Winkel ist, den die Erde in der gleichen Zeit zurückgelegt hat, jedoch vermindert um 360°, da ja die Erde ein ganzes Mal herumgegangen ist. Dieser Winkel ist also leicht zu finden; aus diesem Winkel findet man dann durch Division durch die synodische Umlaufszeit den Weg, den der Planet an einem Tage zurückgelegt hat. Diese Zahl — meist in Bogensekunden ausgedrückt — heißt die „tägliche Bewegung" des Planeten. Dann ergibt sich die siberische Umlaufszeit des Planeten, wenn man ausrechnet, wie oft die tägliche Bewegung in 360° enthalten ist.

Ein Beispiel: nehmen wir an, wir hätten beim Jupiter die Zeit zwischen zwei Oppositionen, die synodische Umlaufszeit, zu 1 Jahr 33,6 Tagen bestimmt, so folgt nach unserer Formel ($1^a = 365{,}25^d$)

$$1^a{,}09199 : x = 0{,}09199 : 1{,}00000$$
$$0{,}09199\,x = 1{,}09199$$
$$x = 109199 : 9199 = 11{,}870.$$

VIII. Die Planeten

Auf dem anderen Wege kommen wir durch folgende Überlegung zu demselben Ziel: in der Zeit 1ᵃ,09199 legt die Erde
$$360° \cdot 1,09199 = 393°,12 \text{ zurück.}$$
Der Planet hat in derselben Zeit 360° weniger zurückgelegt, also 33°,12 in 398,85 Tagen, also in einem Tage 299″. Dies ist die „tägliche Bewegung".
Um 360° zurückzulegen, braucht er dann
$$3600 \times 360° : 299″ = 4330 \text{ Tage.}$$
Dies ist die siderische Umlaufszeit, ebenso groß wie oben gefunden 11,87 Jahre.

Bestimmt man die synodische und damit die siderische Umlaufszeit aus verschiedenen Oppositionen, so ergeben sich kleine Differenzen; ein Zeichen dafür, daß die Planeten sich in ihrer Bahn nicht mit derselben Geschwindigkeit bewegen, wie es der Fall sein müßte, wenn sie sich in Kreisen um die Sonne bewegten. Das Mittel aus den am stärksten verschiedenen Werten heißt dann „mittlere synodische bzw. mittlere siderische Umlaufszeit". Die dabei gefundene tägliche Bewegung heißt die „mittlere tägliche Bewegung".

Doch wir sind genötigt, unserer Methode zur Bestimmung der Oppositionszeit kein sehr günstiges Zeugnis auszustellen, was ihre Genauigkeit angeht. Sehr viel genauer führen Ortsbestimmungen der Planeten zum Ziele, die man wie bei jedem Fixstern ausführen kann. Aus mehreren Ortsbestimmungen um die Zeit der Opposition herum folgt dann Tag und Stunde der Opposition durch Vergleich mit den Örtern der Sonne. Denn zur Zeit der Opposition muß die Rektaszension der Sonne 180° größer oder kleiner als die des Planeten sein. Es genügt also, die Rektaszension des Planeten zu bestimmen, was mit dem Kreis- oder Ringmikrometer am leichtesten zu erreichen ist. Bei der Ausrechnung der Beobachtungen entnimmt man die Rektaszension der Sonne aus unserer Tafel der Sonnenorte (S. 32). Ein Beispiel wird die höchst einfache Rechnung am besten erläutern. Folgendes seien im Januar 1908 gemachte Beobachtungen des Jupiter, neben welchen die Rektaszension der Sonne verzeichnet ist:

1908	$\alpha_{\mathcal{U}}$ (Jupiter)	$\alpha_{\odot}$ (Sonne)
Januar 21	8ʰ 49ᵐ,5	20ʰ 8ᵐ,8
Januar 31	8ʰ 44ᵐ,1	20ʰ 50ᵐ,5
Februar 1	8ʰ 43ᵐ,6	20ʰ 54ᵐ,6

Synodische und siderische Umlaufszeit

Addieren wir zu $α_♃$ 12^h und subtrahieren dann $(α_♃ + 12^h) - α_☉$ so folgt:

Januar 21 | 0^h $40^m{,}7$
Januar 31 | — $6^m{,}4$
Februar 1 | — $11^m{,}0$.

Diese Differenz ist also zwischen dem 21. und 31. Januar gleich Null gewesen. Um das genauere Datum zu finden, setzen wir die Proportion an (wenn **x** die Zahl der Tage nach dem 21. Januar bis zum Tage der Opposition ist):

$$\frac{x}{31-21} = \frac{40{,}7}{40{,}7+6{,}4} = \frac{40{,}7}{47{,}1}.$$

Also $$x = \frac{407}{47{,}1} = 8{,}64.$$

Dieses Verfahren heißt „geradlinige Interpolation". Ähnlich kann man das gesuchte Datum durch „geradlinige Extrapolation" zwischen Januar 31. und Februar 1. finden. Bezeichnen wir die Tage zwischen Opposition und Januar 31. mit y, so folgt

$$\frac{y}{1} = \frac{6{,}4}{11{,}0-6{,}4} = \frac{6{,}4}{4{,}6} = 1{,}39.$$

Nach dem ersten Verfahren würde die Opposition Januar 29,64 stattgefunden haben, nach dem zweiten Januar 29,61. Die sich ergebende Differenz gleichen wir durch Mittelnehmen aus, es folgt als wahrscheinlichster Wert für den Tag der Opposition

1908 Januar 29,625
oder 1908 Januar 29 $15^h{,}0$

war Jupiter in Opposition mit der Sonne.

Bei der Berechnung der siderischen Umlaufszeit aus der synodischen hatten wir die Annahme gemacht, daß der Planet außerhalb der Erde stehe. Für einen **inneren** Planeten, spricht man, wenn der Planet zwischen Sonne und Erde steht, von der „unteren Konjunktion". Die Zeit zwischen zwei unteren Konjunktionen heißt wieder synodische Umlaufszeit; die Zeit, bis der Planet von der Sonne aus gesehen einen Umlauf vollendet hat, d. h. wieder bei demselben Stern angelangt ist, ist die siderische Umlaufszeit. Stehen die Verbindungslinien Planet-Sonne und Planet-Erde aufeinander senkrecht, so ist der Winkelabstand des Planeten von der Sonne, gesehen von der Erde, der größte. Wir sagen, der Planet ist in seiner größten

Elongation. Zur Zeit der unteren Konjunktion steht der Planet zwischen Erde und Sonne, scheinbar bei der Sonne; er ist also entweder nicht, oder vor der Sonne als schwarzer Punkt zu sehen, falls die drei Körper genau in einer Geraden stehen. Da mithin der Planet zur Zeit seiner unteren Konjunktion gar nicht zu beobachten ist, so ist die Beobachtung dieses Zeitmoments und damit die Bestimmung der synodischen Umlaufszeit erschwert. Man muß den Planeten vor und nach der unteren Konjunktion beobachten. Aus solchen Ortsbestimmungen folgt dann der Moment gleicher Rektaszension von Sonne und Planet. Bei Venus sind solche Ortsbestimmungen nahe an der Sonne ganz leicht kurz nach Sonnenuntergang und nach einiger Zeit kurz vor Sonnenaufgang auszuführen.

Auch die Formel für die siderische Umlaufszeit ändert sich etwas für die inneren Planeten. Denn hier ist es der Planet, der die Erde überholt. Seine siderische Umlaufszeit ist also kleiner als ein Jahr; der Planet hat mehr als 360° von der Sonne aus gesehen zurückgelegt. Ist y die synodische, x die gesuchte siderische Umlaufszeit, so verhält sich
$$y : x = (365{,}25 + y) : 365{,}25,$$
$$x = \frac{365{,}25\,y}{365{,}25 + y}.$$

Mit der Bestimmung der mittleren siderischen Umlaufszeit haben wir — ohne es noch zu ahnen — einen weiten Schritt in unser Sonnensystem getan; wir haben auch die Abstände der Planeten gefunden. Diese Abstände der Planeten von der Sonne, die wegen der elliptischen Bewegung auch etwas veränderlich sind, gehorchen nämlich im Mittel dem dritten Keplerschen Gesetz: „Die Quadrate der Umlaufszeiten verhalten sich wie die Kuben der mittleren Entfernungen zweier Planeten".

Hiernach können wir die Entfernung eines Planeten von der Sonne zwar nicht in Kilometern, aber im Verhältnis zur Entfernung der Erde von der Sonne ausrechnen. Wir können uns dann ein Modell des gesamten Systems bauen, in dem alle Maße dem Verhältnis nach der Wirklichkeit entsprechen. Und endlich! Können wir eine der Entfernungen in dem System nach Kilometern angeben, so sind mit einem Schlage alle anderen absolut bekannt. Doch zur Berechnung! Es ist nach Kepler:
$$U_1^2 : U_2^2 = a_1^3 : a_2^3.$$

Beobachtungen. Gesetze Keplers

Nehmen wir U_1 und a_1 für die Erde gleich 1 Jahr, bzw. gleich 1 an, so folgt

$$a_2 = \sqrt[3]{\frac{U_2^2}{1^2}} = \sqrt[3]{U_2^2}.$$

Für den Jupiter folgte aus unseren Beobachtungen $U_2 = 11^a,87$, also ist $a_2 = \sqrt[3]{11{,}87^2} = 5{,}204$.

Der Planet Jupiter ist also 5mal so weit von der Sonne entfernt wie die Erde. (Die genaue Zahl ist in unserer Tabelle der „Bahnelemente" der großen Planeten enthalten und heißt

5,202798.

Unsere Zahl 5,204 ist also bis auf eine Einheit der letzten Stelle richtig!).

Nun, lieber Leser, beobachte selbst; daß du mit einfachen Mitteln etwas leisten kannst, siehst du ein!

Aus Ortsbestimmungen eines Planeten folgt schließlich die — stets geringe — Neigung seiner Bahn gegen die Ekliptik und die Länge des aufsteigenden Knotens, in dem man Länge und Breite des Planeten ausrechnet.

Planet		Halbe große Achse der Bahn	Siderische Umlaufszeit	Mittlere tägliche Bewegung
Merkur . . .	☿	0,3870988	87,96926	14732″,4197
Venus	♀	0,7233322	224,70079	5767″,6698
Erde	⊕	1,0000000	365,25636	3548″,1928
Mars	♂	1,5236914	686,97979	1886″,5183
Jupiter . . .	♃	5,202798	4332,5848	299″,1284
Saturn . . .	♄	9,538852	10759,2198	120″,4547
Uranus . . .	♅	19,18336	30688,51	42″,2308
Neptun . . .	♆	30,05674	60186,64	21″,5330

Planet	Länge des aufsteigend. Knotens	Neigung	Größte Entfernung von der Sonne	Kleinste Entfernung von der Sonne	Umlaufszeit siderisch Sid. Jahre	Umlaufszeit synodisch Jul. Jahre
	° ′ ″	° ′ ″				a d h
☿	46 33 7	7 0 13	0,4667	0,3075	0,2408	0 115 21
♀	75 19 52	3 23 38	0,7283	0,7184	0,6512	1 218 16
⊕	— — —	— —	1,0168	0,9832	1,0000	
♂	48 23 53	1 51 2	1,6658	1,3816	1,8808	2 48 23
♃	98 56 17	1 18 26	5,4539	4,9518	11,862	1 33 15
♄	112 20 53	2 29 28	10,0737	9,0040	29,457	1 12 20
♅	73 14 38	0 46 22	20,073	18,294	84,019	1 4 7
♆	130 7 32	1 46 37	30,312	29,801	164,779	1 2 10

VIII. Die Planeten

Schwierig ist die Messung der Abweichung der Bahn von der Kreisform. Sie gelang Kepler zuerst beim Mars.

Die Tafel auf S. 121 gibt die Elemente der großen Planeten nach den besten neuesten Messungen.

Merkur.

Der sonnennächste Planet führt den Namen Merkur. Er kann sich von der Erde aus gesehen niemals weit von der Sonne entfernen und steht in der Ekliptik entweder östlich (links bei uns auf der Nordhalbkugel der Erde) oder westlich (rechts) von der Sonne. Seine Winkelentfernung beträgt zur Zeit der größten Elongation $17^0,6$ bis $28^0,3$, woraus schon hervorgeht, daß die Bahn Merkurs stark von einem Kreise abweicht. Die Beobachtung Merkurs ist deshalb eine äußerst schwierige, weil er stets sehr bald nach der Sonne unter- oder nur kurze Zeit vor der Sonne aufgeht. Im Fernrohr ist er auch bei Tage zu erkennen, doch sind auch die mit großen Mitteln über ihn erlangten Kenntnisse gering. Das Auffallendste ist im Fernrohr die Begrenzung seines Scheibchens, das niemals kreis-, sondern stets mehr oder minder sichelförmig wie bei unserem Monde erscheint. Dieses Auftreten der „Phase" zeigt, daß Merkur nicht mehr selbst leuchtet, sondern von der Sonne beleuchtet wird. Sein scheinbarer Durchmesser beträgt, wenn er uns am nächsten steht, höchstens $12'',9$.

Doch nun zu seinen Sichtbarkeitsverhältnissen für das bloße Auge. Durch wiederholte Addition seiner synodischen Umlaufszeit zu den Angaben der folgenden Tabelle kann sich der Leser diese leicht herausrechnen.

1920 Februar 5.	Obere Konjuktion mit der Sonne (unsichtbar).
1920 März 3.	Größte östliche Elongation (sichtbar am Abendhimmel). Beste Stellung.
1920 April 17.	Größte westliche Elongation (schwer sichtbar am Morgenhimmel, tief am Horizont).
1920 Mai 26.	Obere Konjunktion mit der Sonne (unsichtbar).
1920 Juni 29.	Größte östliche Elongation (sichtbar am Abendhimmel).
1920 August 14.	Größte westliche Elongation (um diese Zeit sichtbar am Morgenhimmel).
1920 September 9.	Obere Konjunktion mit der Sonne (unsichtbar).
1920 Oktober 25.	Größte östliche Elongation (schwer sichtbar, tief am Horizont des Abendhimmels).
1920 Dezember 3.	Größte westliche Elongation (am Morgenhimmel sichtbar).

Da die synodische Umlaufszeit des Merkur 115,9 Tage im Mittel beträgt und da dreimal 115,9 gleich 347,7 ist, so treten dieselben

Ereignisse in jedem Jahr 18 Tage früher auf, was die Berechnung erleichtert.

Um die Zeit der größten Elongation, besonders leicht um die 1921 Mitte Februar usw. auftretende östliche Elongation ist der Planet, einmal entdeckt, ein auffälliger Stern. Im übrigen ist der Planet schwer zu sehen, ein sidus dolosum nennen ihn die alten Astronomen, Kopernikus soll auf seinem Totenbett bedauert haben, ihn nie gesehen zu haben. Und doch ist er dem Verfasser einmal aufgefallen, ohne absichtliches Suchen und ohne Kenntnis davon, daß es sich um Merkur handele.

Er erscheint dem bloßen Auge als gelbroter Stern, dessen Farbe zu den typischsten Sternfarben gehört, die wir kennen. Seine Helligkeit versuche man so oft als möglich an nahestehende Sterne 1. Größe anzuschließen, was wegen des stark erhellten Hintergrundes stets mit starken Fehlern verbunden ist. Seine scheinbare Helligkeit schwankt in ziemlich weiten Grenzen, von $1^m,1$ bis $-1^m,2$, das heißt von der Helligkeit des Aldebaran bis zu der des Sirius. Diese Schwankungen sind nur scheinbare, begründet durch die verschiedene Phase und Entfernung des Planeten von der Erde. Dazu kommt, daß die Entfernung von der Sonne wegen der Exzentrizität der Bahn stark wechselt und mit ihr die Beleuchtungsstärke durch die Sonne.

Bezeichnet man den Winkel Sonne, Planet, Erde als „**Phasenwinkel**", so ergibt die folgende Tabelle die Helligkeit h des Merkur bei verschiedenen Phasenwinkeln α (nach Müller in Potsdam), jedoch berechnet, als ob der Planet sich in der Entfernung 1 von der Erde befände.

α	h	α	h
50°	$-0^m,90$	90°	$+0^m,40$
60°	$-0^m,61$	100°	$+0^m,77$
70°	$-0^m,29$	110°	$+1^m,17$
80°	$+0^m,04$	120°	$+1^m,59$

Um die wahre Helligkeit zu erhalten, hat man μ von der angegebenen Größenklasse abzuziehen; wenn Δ die Entfernung des Planeten von der Erde ist, so ist

$$\mu = \frac{2 \log \Delta}{\log 2,5}.$$

Aus Fleckenbeobachtungen auf dem Merkur hat Schiaparelli geschlossen, daß Merkur sich in derselben Zeit einmal um seine Achse dreht, in der sich sein Umlauf um die Sonne vollendet, er würde dann der Sonne immer dieselbe Seite zukehren, ähnlich wie es der Mond zur Erde tut.

VIII. Die Planeten

Aus der Entfernung des Merkur von der Erde und aus seinem scheinbaren Durchmesser folgt sein wahrer Durchmesser in Kilometern zu 4843 km, das ist 0,38 mal so groß als der Erddurchmesser. Schwieriger ist die Berechnung der Masse des Planeten im Verhältnis zur Erdmasse. Wir werden sehen, daß dieses Problem der Massenbestimmung ohne Schwierigkeit lösbar ist, wenn der Planet Monde besitzt. Da dies beim Merkur nicht der Fall ist, so ist man genötigt, die Annäherung von Kometen an den Merkur zu benutzen, um die von ihm ausgeübte Anziehungskraft, die ja nach Newton seiner Masse proportional ist, zu messen. Aus solchen Berechnungen folgt die Masse des Merkur zu $\frac{1}{6000000}$ der Sonnenmasse, zu 0,05 der Erdmasse; aus seinem Volumen $\frac{4}{3} r^3 \pi$, worin $r = 0,37$ ist, folgt das Verhältnis von Masse zu Volumen, d. h. die „mittlere Dichte" zu 0,80 der Erddichte.

Eine Zahl von größter Wichtigkeit für alle Planeten ist die sog. „Albedo", d. h. die Reflexionsfähigkeit des Körpers. Sie gibt den Bruchteil an, der von dem auffallenden Licht durch den Körper zurückgeworfen wird; sie läßt das Material, aus dem der Körper besteht, beurteilen. Die Albedo des Merkur findet man, wenn man ausrechnet, wie hell der Planet sein müßte, wenn er sämtliches auf ihn auffallendes Sonnenlicht reflektierte und diese Helligkeit mit der gemessenen vergleicht. So findet sich für Merkur 0,14; Merkur besteht also aus ziemlich dunklen Materialien, etwa wie unser Mond, dessen Albedo 0,13 beträgt.

Venus.

Dem Merkur folgt die Venus in etwa der doppelten Entfernung. Auch sie kann sich von der Erde aus gesehen nur bis etwa 48° von der Sonne entfernen. Immerhin genügt diese Entfernung, um den Planeten in voller Schönheit am Abend- oder Morgenhimmel glänzen zu lassen. Daher stammt der schöne Volksname des Planeten „Abendstern oder Morgenstern". Zur Zeit der größten Elongationen entfernt sie sich scheinbar von der Sonne um einen Winkel, dessen Sinus das Verhältnis der Entfernungen Sonne-Venus zu Sonne-Erde ist. Es ergibt sich, wenn man die äußersten Werte der Entfernungen (wechselweise!) annimmt, ein Abstand von 44°,95 bis 47°,80. Das ist in Stunden eine Zeit von über 3^h. Die Venus wird daher um die Zeit ihrer größten Elongationen am ganz dunklen Nachthimmel zu sehen sein. Aus ihrer synodischen Umlaufszeit folgt durch Addition zu den Angaben der folgenden Tabelle für beliebige Zeiten ihre Sichtbarkeit.

1919 April:	Venus ist abends sichtbar und geht 2^h bis 3^h nach der Sonne unter.
1919 Mai:	Venus erreicht einen immer höheren Stand.
1919 Juni:	Venus geht 3^h bis 4^h nach der Sonne unter.
1919 Juli 5:	Größte östliche Elongation.
1919 August:	Venus glänzender Abendstern.
1919 September:	Venus nähert sich der Sonne und verschwindet Ende des Monats.
1919 Oktober:	Venus wird in der zweiten Hälfte des Monats am Morgenhimmel erkennbar.
1919 November:	Venus erreicht am Morgenhimmel immer größere Höhe.
1919 November 23:	Venus in größter westlicher Elongation, Morgenstern.
1920 Januar:	Venus Morgenstern in abnehmender Helligkeit.
1920 Februar:	Venus geht etwa 3^h vor der Sonne auf.
1920 März:	Venus immer noch heller Morgenstern.
1920 April:	Venus nähert sich der Sonne.
1920 Mai:	Venus rückt mehr und mehr in die Dämmerung.
1920 Juni:	Venus in der Morgendämmerung unsichtbar.
1920 Juli 3:	Obere Konjunktion mit der Sonne. Venus unsichtbar.
1920 Juli:	Venus unsichtbar.
1920 August:	Venus taucht in der Abenddämmerung auf.
1920 September:	Venus kurze Zeit am Abendhimmel sichtbar.
1920 {Oktober, November, Dezember}	Venus am Abendhimmel.

Aus den Zeiten der größten Elongationen berechnet man sich durch Addition der synodischen Umlaufszeit zunächst das weitere Eintreten dieser Ereignisse, um dann die anderen Daten anzuschließen.

Zum Beispiel

	1919 Juli	5	Größte östliche Elongation
+ 1^a		219^d	synodische Umlaufszeit
	1921 Febr.	9	Größte östliche Elongation
+ 1^a		218^d	synodische Umlaufszeit
	1922 Sept.	15	Größte östliche Elongation.

Das übrige ergibt sich von selbst.

Das Fernrohr zeigt auf der Venus nicht viel. Abgesehen von der Phase erscheint sie stets sehr hell weiß, Flecken sind unbeständig

VIII. Die Planeten

und gehören offenbar einer dichten Wolkenhülle an, wofür auch die hohe Albedo der Venus spricht, die mit 0,76 der Albedo unserer Wolken sehr nahe kommt.

Über die Zeit, in der die Venus sich um ihre Achse dreht, ist man sich noch nicht klar geworden. Schiaparelli hatte eine Umdrehungszeit von 225 Tagen wahrscheinlich gemacht. In neuester Zeit ist aber eine sehr kurze Umdrehungszeit von 15^h bis 17^h nachgewiesen, doch auf Grund so feiner Messungen, daß man dieses Ergebnis noch nicht als sicher bezeichnen kann.

Die Helligkeit der Venus verändert sich sehr stark mit der Phase und der Entfernung von der Erde. Denkt man sich die Entfernung der Venus von der Erde immer gleich groß, gleich 1, so ist diese Abhängigkeit in der folgenden Tabelle gegeben:

Phasenwinkel	Helligkeit, reduziert auf die Einheit der Entfernung	Phasenwinkel	Helligkeit, reduziert auf die Einheit der Entfernung
20°	— 4,44	100°	— 2,96
40°	— 4,15	120°	— 2,39
60°	— 3,82	140°	— 1,69
80°	— 3,43	160°	— 0,85

Aus dieser Tabelle findet man die wahre Helligkeit, wenn man die wahre Entfernung der Venus von der Erde berücksichtigt. Diese ergibt sich aus dem Dreieck Sonne, Venus, Erde, in dem die zwei Seiten SV und SE und der Winkel SVE gleich dem Supplement des Phasenwinkels bekannt sind. Ist diese Entfernung z. B. 0,44, was einer Phase von 118° etwa entspricht, so ist ihr Licht $\frac{1}{0,44 \times 0,44}$ mal größer, da die Helligkeit mit dem Quadrat der Entfernung abnimmt. Das ist 5,2 mal heller. Jede folgende Größenklasse der Fixsterne ist 2,5 mal heller als die vorhergehende. Also ist in

$$2,5^x = 5,2$$

x der Unterschied in Größenklassen. Es folgt

$$x = \frac{\log 5,2}{\log 2,5} = 1^m,80.$$

Die obige Tabelle gibt für 118° die Helligkeit bei der Einheit der Entfernung — 2,46, also die wahre Helligkeit

$$- 2,46 - 1,80 = - 4,26.$$

Das ist gerade die größte Helligkeit, die die Venus überhaupt erreicht. Sie liegt bei dem Phasenwinkel 118⁰ oder etwa 256 Tage vor und nach der oberen, 36 Tage vor und nach der unteren Konjunktion.

Die geringste Helligkeit der Venus ist — 3,3 Größe, immer noch sehr beträchtlich, alsdann ist der Phasenwinkel etwa 20⁰, die Venus erscheint als kleines Scheibchen.

Aus der großen Helligkeit der Venus folgt die Unmöglichkeit, einen passenden Vergleichsstern zu finden. Deshalb haben erst die Photometer mit künstlichen Vergleichssternen brauchbare Ergebnisse über die Helligkeit des Planeten geliefert. Für das bloße Auge kann man sich einen künstlichen Vergleichsstern etwa schaffen, indem man ein Licht soweit entfernt, bis es mit der Venus gleiche Helligkeit hat. Die Abstände des Lichtes geben ein Maß der Helligkeit der Venus, und zwar verhalten sich die Quadrate der Abstände umgekehrt wie die Lichtmengen. — Leider haften diesen Beobachtungen große Fehler an, die hauptsächlich sich aus der wechselnden Lichtstärke der Flamme ergeben. Will man brauchbare Ergebnisse erhalten, so muß die Flamme, z. B. in einer Laterne, immer gleich lang (etwa 4 cm), mit gleich langem Dochte (1 cm) brennen. Das Licht muß immer gleiche Dicke haben. Es müssen sehr viele Beobachtungen zu einem Tagesmittel vereinigt werden. Man hat einmal mit dem Licht aus zu kleiner, dann aus zu großer Entfernung an die wahre heranzugehen. Man hat das Licht so zu stellen, daß es möglichst dicht neben der Venus erscheint. Man hat endlich die „Extinktion" zu berücksichtigen (Seite 4).

Eine andere Methode ist die, das Licht der Venus so abzuschwächen, daß man sie mit einem nahestehenden Stern vergleichen kann. Dies kann man erreichen, wenn man die Venus durch ein schwaches sog. Rauchglas betrachtet, wie sie in den bekannten Schutzbrillen benützt werden. Auch ein oder mehrere farbige Gläser verhelfen dazu. Den Vergleichsstern betrachtet man direkt, oder durch ein schwaches Glas derselben Farbe. Sind die Sterne nicht in gleicher Höhe, so ist die Differenz der Extinktionen als Verbesserung anzubringen. Die absorbierende Kraft der Gläser bestimmt man dann an Sternen.

Beispiel: Durch ein Rauchglas wird Venus auf die Helligkeit: 1 Stufe heller als Sirius, dieser auf die Helligkeit 2 Stufen geringer als Aldebaran herabgestimmt. Da Sirius nach unserem Verzeichnis

VIII. Die Planeten

—1,4. Größe, Aldebaran, 1,2. Größe ist, so folgt zunächst, daß das Rauchglas die Sterngrößen um 2,8 Größenklassen herabsetzt, die Stufe zu 0,1 Größenklassen gerechnet. Folglich muß Venus 2,9 Größenklassen heller als Sirius gewesen sein, ihre Größe wäre also —$4^m,3$. Durch möglichst zahlreiche Beobachtungen muß man größere Genauigkeit zu erreichen suchen.

Aus der großen Helligkeit der Venus erklärt sich die Tatsache, daß sie um die Zeit ihres größten Glanzes jederzeit mit bloßem Auge bei hellem Tage gesehen werden kann, vorausgesetzt, daß man ihren Ort kennt. Um diesen zu finden, wird man sie am Abend vorher suchen, und jeder mit der scheinbaren Bewegung der Sterne Vertraute wird sich dann ihren Ort am Tage zurückkonstruieren können. Noch einfacher gestaltet sich die Aufgabe, wenn Venus Morgenstern ist: dann braucht man nur in der Frühe aufzustehen, wo sie hell am Morgenhimmel steht und sie zu verfolgen, bis sie entweder verschwindet oder — die Sonne hoch genug steht, daß der Himmel seine volle Tageshelle erreicht hat. Beobachtungen über die Zeitläufe, während welcher die Venus am hellen Tage mit bloßem Auge erkannt werden kann, sind durchaus erwünscht.

Der scheinbare Durchmesser der Venus schwankt je nach ihrer Entfernung von der Erde in beträchtlichen Grenzen, nämlich von 9",5 bis 65",2 entsprechend einem wahren Durchmesser von 12037 km, das ist 0,944 des Erddurchmessers. Venus ist also nur wenig kleiner als unsere Mutter Erde. Massenbestimmungen sind auch bei ihr schwierig, wegen des Fehlens von Monden und haben zu dem Werte

$$\frac{1}{408000} \text{ der Sonnenmasse gleich 0,81 der Erdmasse}$$

geführt. Ihre Dichte ergibt sich daraus zu 0,95 der Erddichte. Beide Körper haben unbestreitbare Ähnlichkeit miteinander, und wenn sich die Tatsache der schnellen Achsendrehung bestätigen sollte, so könnte man nicht anders, als beide Planeten, Venus und Erde, als Geschwister zu bezeichnen. Diese Fragen sind besonders für den von Interesse, der an die Bewohnbarkeit der einzelnen Planeten denkt. Es geht für die Venus mit größter Wahrscheinlichkeit aus unseren Kenntnissen hervor, daß sie sich in einem Zustande befindet, den die Erde bereits überschritten hat, daß sie bewohnbar ist oder werden wird.

Die Erde.

Wenn wir astronomische Beobachtungen an unserer Erde machen, so können sie sich offenbar nur mit der Achsendrehung der Erde und mit ihrer jährlichen Bewegung um die Sonne beschäftigen. Von der Achsendrehung haben wir schon in dem Abschnitt über Zeitbestimmung erfahren, von dem Umlauf um die Sonne hat uns der Abschnitt „Die Sonne" erzählt, deren scheinbare Bewegung ja ein Spiegelbild der Erde ist. An dieser Stelle wollen wir nur kurz auf die Beweise eingehen, die man für beide Bewegungen erbracht hat. Daß die Erde sich um sich selbst dreht, wird bewiesen durch einen zuerst von Foucault angestellten Pendelversuch. Dieser Versuch baut auf der Tatsache auf, daß ein an einem Faden schwingendes Pendel immer in derselben Ebene schwingt, auch wenn sich seine Aufhängevorrichtung dreht. Hängt man nun an einem Ort der Erde ein langes Pendel auf und setzt es in Bewegung, so erkennt man nach einiger Zeit, daß sich — bezogen auf die als ruhend gedachte Erde — seine Schwingungsebene verändert hat. Dies ist nur so erklärlich, daß sich die Erde unter dem Pendel gedreht hat.

Dieser Versuch ist zu bekannt, als das wir näher auf ihn einzugehen brauchen. Dagegen hört man oft, daß es nicht zu beweisen sei, daß sich die Erde um die Sonne dreht. Und doch gibt es hierfür sogar zwei vollgültige Beweise. Der eine ist das Vorhandensein der „Aberration des Lichts" (S. 54). Diese Aberration besteht in einer scheinbaren Verschiebung aller Sterne im Laufe eines Jahres um eine kleine Strecke hin und zurück. Da nun unmöglich alle Sterne die gleiche Ortsveränderung in der gleichen Zeit zeigen können, so kam eben schon der Entdecker der Aberration der Fixsterne auf den richtigen Gedanken, den Grund in der Erdbewegung zu suchen. Es folgt aber gleichzeitig auch, daß die Erdbewegung um die Sonne wirklich vorhanden ist und in der Zeit eines Jahres vor sich geht.

Der zweite Beweis für den Umlauf der Erde um die Sonne ist in den letzten Jahrzehnten geliefert. Eine neue Methode gestattet es, die Veränderungen des Abstandes der Erde von Sternen zu messen. Diese Veränderungen ergeben sich jedoch nach den Messungen als bei allen Sternen im Laufe eines Jahres schwankend. Zum Beispiel: wir nähern uns einem Stern mit 70 km/sec Geschwindigkeit. nach einem halben Jahr aber nur mit 10 km/sec Geschwindigkeit. Bei

VIII. Die Planeten

einem anderen Stern sind die beiden Zahlen etwa 100 und 40 km/sec. Immer tritt die gleiche Differenz von etwa 60 km/sec im Maximum auf. Daraus folgt die Kreisbewegung der Erde, ihre Umlaufszeit „ein Jahr" und ihre Geschwindigkeit in der Bahn zu 30 km/sec. Also ein vollgültiger Beweis für den Umlauf der Erde um die Sonne.

Eine für das gesamte Leben der Erde ungeheuer bestimmende Erscheinung müssen wir noch erwähnen: die Jahreszeiten. Da die Erdachse gegen die Ebene der Bahn geneigt ist und sich während eines Jahres beim Umlauf um die Sonne parallel bleibt, so ist nach einem halben Jahre wechselnd der Nordpol und der Südpol der Erde der Sonne zugekehrt. Daraus folgt der höhere Stand der Sonne für nördliche Gegenden im „Sommer" Europas, während gleichzeitig südlich des Äquators gelegene Gegenden niedrigen Sonnenstand, Winter haben. Zweimal im Jahre steht die Erdachse so, daß die Sonne in der Ebene des Erdäquators steht; der Tagbogen der Sonne ist gleich ihrem Nachtbogen; die Punkte heißen Tagundnachtgleichen, Äquinoktien. Beide Pole liegen in diesem Augenblick auf der Schattengrenze und zwar geht für den einen die Sonne auf, für den anderen unter, beides für ein halbes Jahr, wonach das Umgekehrte wieder für ein halbes Jahr eintritt.

Die Erde ist auch der erste Planet, für den wir eine Massenvergleichung mit der Sonne mit den uns zu Gebote stehenden mathematischen Kenntnissen ausführen können. Das Gravitationsgesetz Newtons sagt, daß die von einem Körper ausgehende Anziehungskraft (die Schwere) seiner Masse proportional ist. Die von der Sonne auf die Erde (in ihrer kreisförmig gedachten Bahn) ausgeübte Gravitation ist aber ebenso groß, wie die Zentrifugalkraft der Erde in ihrer Bahn. Die Physik lehrt die Größe der Zentrifugalkraft zu

1) $$Z = \frac{mv^2}{r},$$

wo m die Masse (hier der Erde), v die Geschwindigkeit des bewegten Körpers und r der Abstand vom Zentrum der Bewegung ist. Ebenso groß ist also die Anziehungskraft der Sonne in der Entfernung der Erdbahn.

Andererseits ist nach Newton dieselbe Anziehungskraft proportional den Massen von Sonne und Erde und umgekehrt proportional dem

Massenverhältnis von Erde und Sonne

Quadrat der Entfernung. Es ist also, wenn M die Masse der Sonne bedeutet

2) $$Z = G \cdot \frac{M \cdot m}{r^2},$$

wo G eine Konstante, die sog. Gravitationskonstante ist. Denken wir uns endlich an der Oberfläche der Erde die Masse 1, so wirkt auf sie die Kraft

3) $$g = G \cdot \frac{m}{\varrho^2},$$

wo ϱ der Radius der Erde ist, da für beide Massen wieder Newtons Gesetz gilt. Da wir die Kraft g an der Erdoberfläche kennen, folgt durch Division von 2) und 3)

4) $$Z = g \cdot \frac{M \cdot \varrho^2}{r^2};$$

durch Gleichsetzen von 1) und 4) ergibt sich weiter

5) $$\frac{m v^2}{r} = g \cdot \frac{M \cdot \varrho^2}{r^2},$$

oder das gesuchte Massenverhältnis

6) $$\frac{M}{m} = \frac{r \cdot v^2}{\varrho^2 \cdot g}.$$

Setzt man für die Geschwindigkeit der Erde in ihrer Bahn das Verhältnis Bahnlänge zu Umlaufszeit, $2r\pi : U$, so folgt

7) $$\frac{M}{m} = \frac{4 r^3 \pi^2}{g \cdot \varrho^2 \cdot U^2};$$

nun ist

$r = 149\,480\,000$ km
$\pi = 3{,}14159$
$g = 0{,}00981$ km
$\varrho = 6370$ km
$U = 365{,}25636$ Tage.

g ist die bekannte Zahl 9,81 m/sec², die hier wie r in Kilometern auszudrücken ist. Da in g die Sekunde als Einheit gewählt ist, so muß auch U in Sekunden verwandelt werden, d. h. mit 86400 multipliziert werden. Die Rechnung ergibt

$$\frac{M}{m} = 332\,600,$$

genauer ist die Masse der Erde nur der 329390. Teil der Sonnenmasse. Da die Größe der Sonne ihrem Volumen nach die Erde um das 1300000fache übertrifft, so folgt, daß die Erde um 4 mal so dicht sein muß als die Sonne. Dies Ergebnis erklärt sich durch die Abkühlung, in welche die Erde schon übergegangen ist, während die Sonne so heiß ist, daß alle Stoffe nur als Gase, d. h. in verhältnismäßig geringer Dichte auf ihr vorkommen können.

Die Formel 7) werden wir statt auf Erde=Sonne auf jeden anderen Planeten anwenden, wenn für ihn die Zahl g bekannt ist.

Mars.

"Gestern, als ich vom nächtlichen Lager den Stern mir im Osten
Lang betrachtete, den dort mit dem rötlichen Licht,
Und des Mannes gedachte, der seine Bahnen zu messen,
Von dem Gotte gereizt, himmlischer Pflicht sich ergab,
Durch beharrlichen Fleiß der Armut grimmigen Stachel
Zu versöhnen umsonst und zu verachten bemüht;
Mir entbrannte mein Herz von Wehmut bitter. Ach! dacht' ich,
Wußten die Himmlischen Dir, Meister, kein besseres Los?"

Johann Kepler, der am Mars die Gesetze der Planetenbewegung entdeckte, wird in diesen schlichten Worten von Mörike ein Denkmal gesetzt. Größer ist das Denkmal, das sich Kepler selbst mit seiner Entdeckung gesetzt hat. — So wandelt Mars heute seine Bahn, uns allen vertraut, ein rätselvoller Gesell, dem nach Kepler noch mancher Forscher seine Lebensarbeit gewidmet hat — und dessen Geheimnisse noch immer unergründet sind.

Das Fernrohr zeigt auf dem Mars eine Reihe heller und dunkler Flecke, manchmal in der Nähe der Pole weißglänzende Flecken, vor allem aber die von Schiaparelli entdeckten dunklen, feinen, geradlinigen Striche, Verbindungslinien der dunklen, Meere genannten Flecken, denen ihr Entdecker den Namen „Kanäle" gab.

Die Geschichte der Marsforschung ist erfüllt von abenteuerlichen Phantastereien, die sich vor allem an die Frage nach der Existenz intelligenter Wesen auf dem Mars anknüpften. Die neueren Beobachtungen scheinen dahin zu führen, die Marskanäle als ein nur zum Teil wirkliches Phänomen anzusehen, die in Wirklichkeit aus einzelnen unregelmäßig verstreuten dunklen Punkten bestehen. Ein kleines Fernrohr täuscht dann mehr oder minder gerade Linien vor.

Fest steht bisher nur, daß einer der eifrigsten amerikanischen Marsforscher, Lowell, wohl den richtigen Weg zum Studium der Kanäle eingeschlagen hat: er untersucht ihre Veränderungen und deren Abhängkeit von den Jahreszeiten. Es scheint so, als ob die Kanäle mit dem Schmelzen des Polareises dunkler werden und sich also mit Wasser füllen. — Nach anderen sind die dunklen Striche nicht Wasser, sondern der Pflanzenwuchs, der durch das in die Kanäle strömende Wasser emporblüht. — Wieder nach anderen ist der Mars gänzlich vereist und die Kanäle sind vorgetäuscht durch parallel laufende Sprünge und Spalten im Eise.

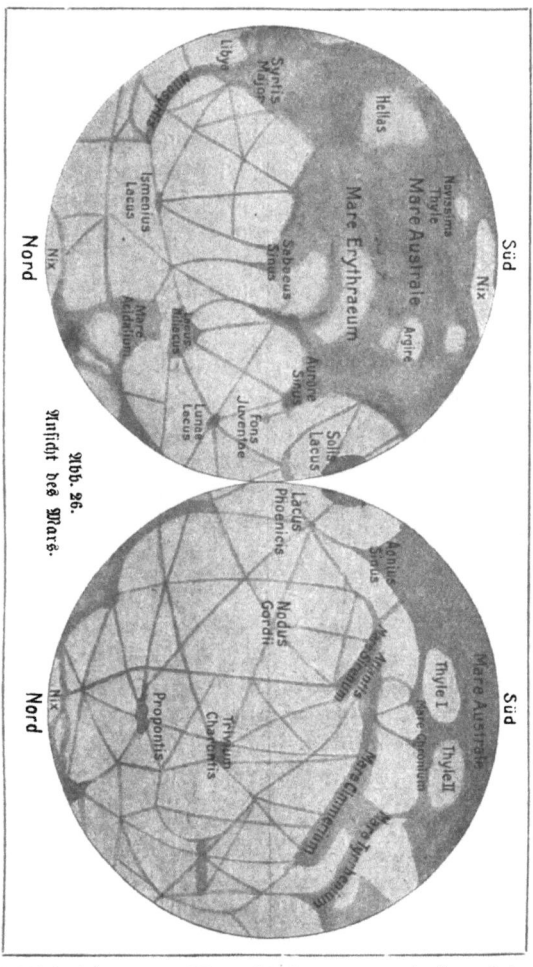

Abb. 26. Ansicht des Mars.

Sieht man unsere Abbildung des Mars Abb. 26 an, die sämtliche von Schiaparelli gefundenen Kanäle zeigt, so ist man allerdings über die gleichsam beabsichtigt regelmäßige Anordnung erstaunt. Dabei darf man jedoch nie vergessen, daß alle Kanäle zu gleicher Zeit niemals sichtbar gewesen sind. Sämtliche nach und nach erkannten sind in dieselbe Karte eingezeichnet. Im ganzen tut man gut, der Verlockung zu Phantasien zu entsagen und — die Forschung ihren objektiven Weg gehen zu lassen.

Zu den unerklärlichen Kanälen kommt noch ein geradezu verblüffendes Phänomen hinzu: von Zeit zu Zeit erscheint ein Kanal verdoppelt; statt eines dunklen Striches erscheinen zwei, manchmal der eine von beiden an der Stelle des alten einfachen Kanals, manchmal aber auch beide zu beiden Seiten. Unregelmäßigkeiten, z. B. leichte Verdickungen verschwinden nach der Verdoppelung; gekrümmte Kanäle zeigen manchmal gerade Verdoppelungen. Die Verdoppelung tritt in kurzer Zeit ein. Ihrem Entstehen pflegt ein nebelhafter Schleier vorauszugehen, der sich zu der Verdoppelung auflöst, als wenn eine Menge unregelmäßig verteilter Soldaten sich nach und nach in zwei Reihen gruppiere.

Die Verdoppelung ist in Wirklichkeit unerklärt geblieben, von einigen Forschern wird sie für optische Täuschung gehalten.

Der Mars erscheint von der Erde aus unter einem Durchmesser von 3″,5 bis 25″,6 je nach der wechselnden Entfernung. Sein wahrer Durchmesser folgt daraus zu 6781 km, d. i. 0,532 des Erddurchmessers. Der Amerikaner Hall entdeckte 2 Monde des Mars, ungeheuer kleine Körper, die neben dem glänzend hellen Planeten nur in besten Fernrohren zu erkennen sind. Sie führen, da bei Homer Flucht und Schrecken die Begleiter des Kriegsgottes sind, diese Namen, Phobos und Deimos, und umkreisen den Hauptplaneten, der erste in 0,3189114 Tagen, der andere in 1,262435 Tagen, der erstere also in kürzerer Zeit als der Mars sich um sich selbst dreht. Er überholt also zweimal an einem Tage den Hauptplaneten, indem er im Westen auf und im Osten untergeht, zweimal täglich alle Phasen von Neumond bis Vollmond zu Neumond zeigend. Der zweite Mond wieder dreht sich fast genau so schnell wie Mars selbst, bleibt also lange Zeit für denselben Ort sichtbar ohne unterzugehen, dabei auch die Phasen durchlaufend.

Die Durchmesser dieser kleinen Körper sind so gering, daß man sie nicht mehr messen kann. Man kann sie aber aus ihrer Helligkeit erschließen, bezogen auf die Helligkeit des Hauptplaneten. Dieser ist −1,8 Größe, während die Trabanten nur 12,7 Größe sind, d. i. 14,5 Größenklassen schwächer. Sie senden uns also $2,5^{14,5}$ fach weniger Licht zu als der Planet, oder ihre Fläche ist, gleiche Albedo vorausgesetzt, $2,5^{14,5}$ fach kleiner, ihr Durchmesser also

$$\sqrt{2,5^{14,5}} = 2,5^{7,25} \text{ fach kleiner als der Mars.}$$

Also ist ihr Durchmesser

$$\frac{6781}{2{,}57^{25}} = 8{,}83 \text{ km}.$$

Trotz ihrer Kleinheit leisten die beiden Marsmonde der Wissenschaft einen wichtigen Dienst, da man ihre Entfernung vom Marsmittelpunkt zu 2,75 und 6,92 in Halbmessern des Mars bestimmen kann. Hieraus folgt unter der Annahme von Kreisbahnen die Größe der Zentrifugalkraft in der Bahn

$$Z = \frac{mv^2}{r} = \frac{4mr\pi^2}{U^2} \quad \left[\begin{array}{l} \text{m Masse, r Entfernung, U Umlaufszeit eines} \\ \text{Mondes}\end{array}\right].$$

Die Zentrifugalkraft dividiert durch die Masse gibt die Beschleunigung

$$\gamma = \frac{4r\pi^2}{U^2}$$

durch den Mars in der Entfernung der Monde. Auf der Oberfläche des Mars wird diese um das r^2fache größer sein, wenn r in Teilen des Halbmessers des Mars wie oben gegeben. Also ist die Beschleunigung an der Oberfläche des Mars

$$g = \frac{4r^3\pi^2}{U^2\varrho^2},$$

wo ϱ der Halbmesser des Mars ist.

Für den ersten Mond ist

$$g = \frac{4 \cdot 2{,}75^3 \pi^2 \cdot 339\,000\,000}{0{,}3189\,114^2 \cdot 86400^2}.$$

Für den zweiten $\quad g = \dfrac{4 \cdot 6{,}92^3 \pi^2 \cdot 339\,000\,000}{1{,}262\,435^2 \cdot 86400^2}.$

Es ergibt sich

1) $\qquad g = 359$ cm/sec^2
2) $\qquad g = 367$ cm/sec^2
Im Mittel $\quad g = 363$ cm/sec^2.

Bei der Schwierigkeit der Messungen ein überraschend übereinstimmendes Resultat. An der Oberfläche des Mars ist also die Beschleunigung durch die Schwere dreimal kleiner als auf der Erdoberfläche, wo sie ja 981 cm/sec^2 beträgt.

Auf Seite 131 hatten wir Formel 7) zur Berechnung des Massenverhältnisses M/m der Sonne und der Erde gefunden. Dieselbe

Formel gilt natürlich auch für den Mars, wenn wir auf der rechten Seite die entsprechenden Werte für den Mars einsetzen. Die letzte noch unbekannte Zahl g haben wir eben zu 0,00363 km/sec² gefunden. Ferner ist für den Mars

$$r = 1{,}5237 \cdot 149\,480\,000 \text{ km}$$
$$\varrho = 3390 \text{ km}$$
$$U = 686{,}980 \cdot 86\,400 \text{ sec.}$$

Also ergibt sich $\dfrac{M}{m} = 3\,174\,000.$

Die unter Berücksichtigung der Exzentrizität gefundene Zahl stimmt mit diesem Wert gut überein, sie lautet 3 093 500. Damit sind wir in die Lage gekommen, die Marsmasse mit der Erdmasse zu vergleichen. Denn wenn die Erde $\dfrac{1}{332\,600}$, der Mars $\dfrac{1}{3\,174\,000}$ der Sonne an Masse hat, so ist der Mars 0,105 mal so schwer wie die Erde. Da er an Volumen $0{,}532^3 = 0{,}151$ der Erde ist, so ist seine auf die Erde bezogene Dichte $\dfrac{0{,}105}{0{,}151} = 0{,}70$. Er steht also im Mittel nicht viel an Dichte unter der Erde.

Um die Sichtbarkeitsverhältnisse des Mars zu finden, addiere man seine synodische Umlaufszeit, 2 Jahre 48 Tage 23 Stunden zu den Angaben der folgenden Zusammenstellung.

1919 Mai 9:   Mars in Konjunktion mit der Sonne (unsichtbar).
1919 September: Mars beginnt am Morgenhimmel sichtbar zu werden.
1919 Dezember: Mars längere Zeit am Morgenhimmel sichtbar.
1920 April 22: Mars in Opposition zur Sonne. Die ganze Nacht sichtbar.
1920 August: Mars am Abendhimmel.
1920 Dezember: Mars nur noch kurze Zeit am Abendhimmel.

Da Mars der erste der äußeren Planeten ist, sind einige Bemerkungen über die Anwendung dieser Tabelle von Nutzen. Liegt eine Opposition in den Wintermonaten, so ist sie günstiger. Denn außer der Dunkelheit der Winternacht unterstützt der hohe Stand des Planeten die Beobachtungen.

Umgekehrt sind Oppositionen, die in den Sommermonaten eintreten, ungünstiger. Dazu kommt die verschiedene Länge des Tagbogens des Gestirns. Je höher ein Gestirn kulminiert, um so länger ist sein Tagbogen. Die Oppositionen des Mars werden zunächst ungünstiger und rücken in den Sommer, die des Jupiter werden langsam günstiger.

Sichtbarkeit und Helligkeit des Mars

Dazu kommt bei Mars eine neue Unregelmäßigkeit, die aus seiner stark elliptischen Bahn folgt: nicht in allen Oppositionen kommt er der Erde gleich nahe, seine Helligkeit ist demgemäß sehr verschieden, die Daten, die aus der obigen Zusammenstellung sich ergeben, sind gleichfalls nur im Mittel richtig. Abweichungen von einigen Tagen sind möglich, aber ja belanglos.

Die Farbe des Mars ist eine entschieden rötliche, aber wohl gänzlich unveränderlich, so daß Beobachtungen darüber zwecklos sind. Erwähnen wollten wir sie nur, weil sie die Schätzungen der Helligkeit des Mars stark beeinflußt. Um Mars an andere Sterne der Helligkeit nach anzuschließen, wird man ihn durch schwarze Gläser abschwächen und an Sternen von bekannter Helligkeit diese Abschwächung messen (vgl. Venus). Seine Helligkeit schwankt zwischen — 2,8 und 1,6 (α Leonis) Größe. Die Helligkeit hängt stark von der Phase ab. Nach Müller ist

$$h = -1,79 + 0,0149\, \alpha,$$

wenn α der Phasenwinkel ist.

Als Albedo des Mars folgt 0,22, fast gleich der des Merkur und des Erdmondes, so daß man auf den ähnlichen Bau dieser Körper schließen kann. Es ist wesentlich die Oberfläche des Planeten selbst, die das Sonnenlicht zurückwirft.

Jupiter.

Jupiter ist der größte aller Planeten; trotz seiner großen Entfernung von der Erde erscheint er uns unter einem Winkel von 38″,3 bis 50″,7, entsprechend einem wahren Durchmesser von 144580 km, d. i. 11,3mal so groß wie die Erde. Beim ersten Blick fällt im Fernrohr die Stärke der Abplattung seiner Kugel auf, die $\frac{1}{14}$ des Durchmessers an den Polen beträgt. Der Anblick der Scheibe ist ein typischer, wenn auch stark veränderlicher: zu beiden Seiten des Äquators ziehen sich meist zwei auffallende dunkle Streifen hin, die eine flockige Struktur besitzen. Ihnen schließen sich beiderseits nach den Polen hin noch eine Reihe meist schwacher paralleler Streifen an, so daß die Kugel mehrfach wie mit Ringen umschlossen erscheint. Große Fernrohre zeigen wie Abb. 27 wolkige Struktur der gesamten Oberfläche. Schon nach kurzer Zeit verrät sich die Achsendrehung des

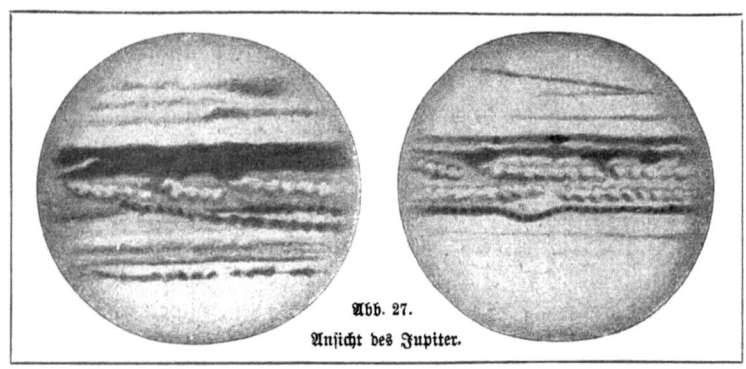

Abb. 27.
Ansicht des Jupiter.

Planeten, die sich in $9^h 55^m$ einmal vollendet. Doch hat sich gezeigt, daß verschiedene Geschwindigkeiten bei der Achsendrehung herrschen, je nach der Entfernung vom Äquator. Daraus folgt ebenfalls die wolkige Natur der uns sichtbaren Jupiteroberfläche. Belopolsky fand folgende Zahlen für die Rotationszeit der einzelnen Breiten auf dem Jupiter:

Breite	nördlich	südlich
0°—5°	$9^h 50,3^m$	$50,2^m$
5 —10	50,7	53,2
10 —15	54,8	55,3
15 —20	55,8	55,3
20 —25	55,7	55,6
25 —45	55,5	54,9

Danach überholt die Äquatorzone des Jupiter die angrenzenden Breiten in etwa 50 Tagen um einen Umlauf. Daß dadurch große Wirbelerscheinungen in der Atmosphäre hervorgerufen werden müssen, ist erklärlich und begründet die Veränderlichkeit der dunklen Zonen. Die starke Abplattung ist durch die schnelle Umdrehung einer so großen Kugel ohne weiteres verständlich.

Der Jupiter hat vier, von Galilei entdeckte Monde; ein fünfter ist von Barnard auf der Licksternwarte 1892 gefunden, zwei noch kleinere sind von Perrine 1905 entdeckt. Für die vier Galileischen großen Monde sind die bemerkenswerten Daten in dem folgenden Täfelchen angegeben. Es wird dem Leser Freude machen, die Masse des Jupiter aus diesen Angaben genau so zu berechnen, wie wir die Marsmasse berechnet haben.

Oberfläche und Monde des Jupiter

Mond	Mittlere Entfernung 1 = 72 290 km	Scheinbarer Durchmesser gesehen von der Erde	Scheinbarer Durchmesser gesehen vom Jupiterzentrum	Siderische Umlaufszeit in Tagen	Wahrer Durchmesser
I	5,944	1″,015	31′,2	1,7691374	4070 km
II	9,452	0,911	17,6	3,5511806	3430 =
III	15,086	1″,488	18,0	7,1545529	5790 =
IV	26,635	1,273	8,8	16,6890164	4830 =

Es folgt: die Masse Jupiters verhält sich zur Sonnenmasse wie 1 zu 1047,35. Jupiter ist also 318mal so schwer wie die Erde, seine Dichte bezogen auf die Erde ist 0,23. Alle Resultate stimmen dahin überein, daß Jupiter in seiner Entwickelung noch der Erde nachsteht, seine Abkühlung und Festigkeit ist noch nicht so weit wie die der Erde vorgeschritten.

Mit bloßem Auge sind Helligkeitsbeobachtungen am Jupiter, wenn auch sehr schwer, auszuführen. Vgl. das bei der Venus Gesagte. Die Helligkeit Jupiters ist immer eine recht große, er ist —2,5 bis —2,0 Größenklasse. Es scheint, daß die Helligkeit Jupiters veränderlich ist um etwa 0,2 Größenklassen in derselben Periode, der die Sonnenflecken folgen.

Um aus der synodischen Umlaufszeit des Jupiter, 1 Jahr 33 Tage 15 Stunden, seine Sichtbarkeitsverhältnisse auszurechnen, benutze man folgende Zusammenstellung.

1920 Februar 3:	Opposition, Zeit der besten Sichtbarkeit um Mitternacht.
1920 Februar:	Jupiter die ganze Nacht sichtbar.
1920 März, April, Mai:	Jupiter am Abendhimmel.
1920 Juni:	Jupiter verschwindet bald nach Sonnenuntergang.
1920 August 22:	Jupiter in Konjunktion mit der Sonne, (Erde, Sonne, Jupiter eine Gerade), daher unsichtbar.
1920 Oktober:	Jupiter am Morgenhimmel sichtbar.
1920 Nov., Dez.:	Jupiter von Mitternacht ab sichtbar.
1921 Januar:	Jupiter in den späten Abendstunden sichtbar.
1921 März 7:	Jupiter in Opposition mit der Sonne.

Saturn.

Den merkwürdigsten aller Planeten treffen wir nach Jupiter auf unserer Wanderung durch das Planetensystem in Saturn. Nicht eine einfache Kugel zeigt er im Fernrohr, er ist umgeben von einem merkwürdigen Ringsystem, das ihn frei umschwebt (Abb. 28). Die Kugel selbst zeigt starke Abplattung, $1/11$, und ähnliche, aber schwä=

140   VIII. Die Planeten

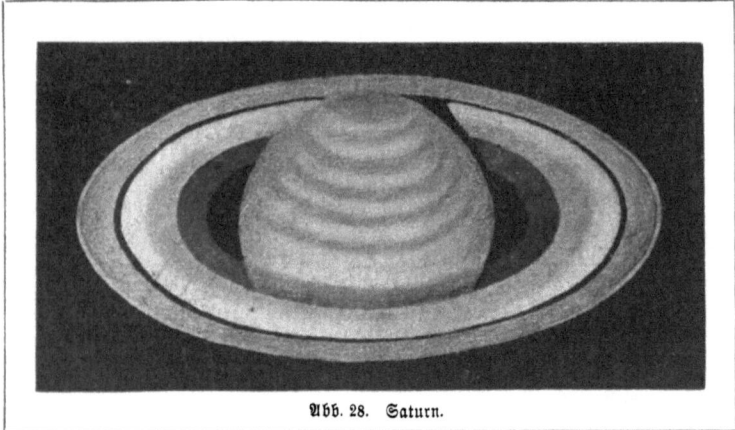

Abb. 28. Saturn.

chere Streifen wie Jupiter. Das Ringsystem ist scharf in zwei Teile getrennt durch die von Cassini entdeckte Trennung. Innerhalb des inneren hellsten Ringes schwebt noch ein ganz schwacher, durchsichtiger Ring, der sog. Bondsche Ring. Der Ring ist aus kleinen Teilchen, die für sich schweben, zusammengesetzt und erscheint uns nur wie ein fester Körper. Der Beweis hierfür ist dadurch erbracht, daß man die Rotationsgeschwindigkeit der einzelnen Teile des Ringes bestimmte. Die äußeren Teile müßten, wenn der Ring wie ein starres Ganze umliefe, schneller laufen. Sie laufen aber langsamer. Also kann er nur aus vielen kleinen Körperchen bestehen, von denen jedes für sich als Mond den Saturn umkreist.

Sowohl für die Saturnskugel wie für den Ring ergibt sich eine hohe Albedo, was bei der Kugel durch Wolken erklärbar, bei dem Ring aber schwer verständlich ist. Man hat eine spiegelnde Oberfläche der Teilchen, die den Ring bilden, gedacht.

Der Ring besitzt eine große Neigung gegen die Erdbahnebene, da er sich bei der Bewegung Saturns um die Sonne parallel bleibt, so kommt die Erde in 29 Jahren zweimal in die Ebene des Ringes. Er erscheint dann als feinster Strich, ja er verschwindet für einige Tage. Daraus folgt, daß der Ring nur eine sehr geringe Dicke haben kann. Andererseits erscheint er zweimal bei einem Saturnsumlauf in größter Öffnung als Ellipse, was wir um 1930 erreichen werden. Für die Helligkeit Saturns ist dies von Bedeutung.

Saturn und seine Ringe und Monde

Die Saturnskugel erscheint von der Erde aus unter einem scheinbaren Durchmesser von 14″,9—20″,6, entsprechend einem wahren Durchmesser von 119 746 km, d. i. 9,39 mal so groß als der Erddurchmesser. Um diese Kugel schwebt der dunkle Bondsche Ring in einem Abstande von 15 695 km von der Saturnsoberfläche mit 16 247 km Breite. Dann schließt sich der innere helle Ring an, mit 91 815—120 344 km Entfernung vom Mittelpunkt des Planeten. Die jetzt folgende Cassinische Trennung hat eine Breite von 3250 km. Die Entfernungen des äußeren Ringes vom Mittelpunkt des Saturn sind endlich 123 584 km und 139 900 km. Der ganze Saturn mit seinem Ringe hätte also innerhalb der Bahn unseres Mondes Platz und würde sie bis zur Hälfte erfüllen.

Um diesen gewaltigen Körper bewegen sich zehn Monde, der innerste Mimas genannte 45 000 km außerhalb des Ringes. Während diesen sein Umlauf in nicht ganz einem Tage um den Saturn führt, braucht der äußerste Mond, Japetus, 79 Tage zur Vollendung seiner Bahn.

Die übrigen kleinen Monde sind erst in neuester Zeit entdeckt. Von den acht aufgezählten ist Titan der größte, er erscheint als ein Sternchen 9.—10. Größe, obgleich sein Durchmesser 0,7 des Durchmessers unseres Mondes ist. Die oben angegebenen Durchmesser sind wie bei den Marsmonden nicht gemessen, sondern aus den Sterngrößen der Monde berechnet. Mit Hilfe der Monde ergibt sich die Masse des Saturn nach unserer beim Mars angewandten Formel zu $\frac{1}{3502}$ der Sonnenmasse, d. i. 95 mal so schwer wie die Erde.

Die Helligkeit des Saturn ist starken Schwankungen unterworfen, die von der Öffnung des Ringes herrühren. Dieser Betrag erreicht 1,00. Größenklassen. Saturn selbst ist im Mittel 0,88. Größenklasse, erreicht also mit den Ringen im Höchstfalle —0,12. Größe, was im Jahre 1930 bei voller Öffnung der Ringe der Fall ist. Saturns Helligkeit läßt sich also ganz gut an helle Fixsterne anschließen.

Die Sichtbarkeit Saturns berechnet man sich selbst durch Addition seiner synodischen Umlaufszeit 1 Jahr 12 Tage 20 Stunden zu den Angaben der folgenden Zusammenstellung:

1920 Januar, Februar: Saturn die ganze Nacht sichtbar.
1920 Februar 28: Saturn in Opposition zur Sonne.
1920 März, April: Saturn am Abendhimmel.

VIII. Die Planeten

1920 Mai, Juni: Saturn kurze Zeit am Abendhimmel.
1920 September 7:   Saturn in Konjunktion mit der Sonne (unsichtbar).
1920 Dezember: Saturn am Morgenhimmel.
1921 Januar: Saturn geht um Mitternacht auf.
1921 März 11:   Saturn in Opposition, die ganze Nacht sichtbar.

Uranus und Neptun.

Die beiden äußeren Planeten fassen wir kurz zusammen, da Uranus sehr selten, Neptun niemals mit bloßem Auge erkennbar ist. Uranus erscheint uns 4—5″ groß, Neptun nur 2—3″ entsprechend wahren Durchmessern von 59510 bzw. 55334 km. In Sternklassen ist Uranus $5^m,5$—$6^m,3$, während Neptun nur 7,5. Größe ist. Uranus ist also zur Zeit der Opposition mit bloßem Auge sichtbar, vgl. die Tafel. Beide Planeten besitzen Monde, Uranus deren vier, Neptun einen.

Uranusoppositionen:

1920	August 28	1° Westlich von σ im Wassermann
1921	„ 31	Zwischen σ und λ „ „
1922	September 4	Zwischen 81 und λ „ „
1923	„ 9	Bei φ „ „
1924	„ 13	3° ONO von 96 „ „
1925	„ 18	Bei 20 in den Fischen
1926	„ 22	3° N von 29 in den Fischen.

Die Masse der Hauptplaneten ist $\frac{1}{22869}$ bzw. $\frac{1}{19314}$ der Sonnenmasse, d. i. 15 bzw. 17mal so schwer wie die Erde. Die Dichte der beiden Planeten ist danach im Vergleich zur Erde sehr gering, 0,25 bzw. 0,14 der Dichte der Erde.

Uranus ist von Herschel entdeckt, Neptuns Entdeckung ist eine der größten Taten der Astronomie: er ist errechnet worden von dem Franzosen Leverrier und zwar nach den Störungen, die der unbekannte Planet auf den Uranus ausübte. Leverrier teilte das Ergebnis seiner Rechnungen der Berliner Sternwarte mit, und hier wurde der unbekannte Planet nahe dem voraus berechneten Orte von Galle (+ 1910) gefunden. Der 23. September 1846 wird stets ein Ehrentag der Astronomie bleiben.[1] — Bemerkenswert ist noch, daß die Bahnen aller Monde des Uranus und Neptun auf der Ekliptik senkrecht stehen oder gar Neigungen weit über 90° haben, so daß

---

[1] Ähnliche Überlegungen haben heute noch zwei weitere Planeten jenseits Neptun vermuten lassen.

die Bahnen in dem entgegengesetzten Sinne wie gewöhnlich durchlaufen werden. Diese auffallende Tatsache ist bisher unerklärt.

IX. Kometen, Meteore und Sternschnuppen.

Es war im Januar 1910, als alle Welt die Aufklärung des Himmels erwartete, um den großen plötzlich aufgetauchten Kometen betrachten zu können. Eines Tages war er in Südafrika gesichtet, so hell, daß er neben der hellen Sonne im Fernrohr sichtbar war. Ebenso schnell erreichte er nördliche Deklination und wurde auch bei uns sichtbar, um schließlich nach wenigen Tagen zu verschwinden. Seine prachtvollste Entwicklung muß bereits vorüber gewesen sein, als wir ihn in Deutschland erblickten. An ihm hat jeder endlich einmal mit bloßem Auge die Einzelheiten eines Kometen studieren können. Von einem hellen Kern, der mit einer Nebelhülle umgeben war, dehnte sich ein zunächst kurzer, aber sehr heller, später längerer aber schwächerer Schweif aus. Dies sind die drei Hauptteile eines Kometen. Nicht jeder Komet zeigt den Schweif, das hat bei uns im Mai 1910 der berühmte Halleysche Komet nach seinem Vorübergang über die Sonnenscheibe — zu allgemeiner Enttäuschung — gelehrt. Er zeigte nur Kern und Nebelhülle, die man beide auch unter dem Namen Kopf des Kometen zusammenfaßt.

Was kann man an diesen Teilen beobachten? Vor allem könnte man Ortsbestimmungen des Kometenkerns ausführen, die zur eigenen Belehrung über die Bahn des Kometen nützlich sind. Dabei ergeben sich dieselben Regeln wie für die Ortsbestimmung von Fixsternen. Ferner kann man die Helligkeit des Kerns nach der Argelanderschen Methode an Fixsterne anschließen. Solche Beobachtungen sind mehr als lehrreich, sie sind wertvoll. Dabei muß man jedoch streng zwischen der Helligkeit des Kerns und der Gesamthelligkeit des Kopfes unterscheiden. Die letztere wird mit bloßem Auge leichter zu fassen sein. Solche möglichst oft gemachte Beobachtungen geben dann den Helligkeitsverlauf des Kometen wieder. Es zeigen sich wirkliche sprunghafte Veränderungen, die auf gewaltsame Vorgänge im Kometen schließen lassen. Jedenfalls ist die Helligkeit von Kometen nicht genau durch das gewöhnliche Beleuchtungsgesetz zu fassen, nach dem sie umgekehrt proportional zu den Quadraten der Entfernungen von Sonne (r) und Erde ($\triangle$) sein müßte. $H = \dfrac{\text{Konstans}}{r^2 \triangle^2}$ gilt im allgemeinen nur, wenn der Komet der Sonne fern ist. Wird r klein, so stellt das Gesetz

$$H = \frac{\text{Konstans}}{r^4 \triangle^2}$$

die Helligkeit manchmal besser dar. Sprünge kommen häufig vor. Die Beobachtung solcher Helligkeitsschwankungen kann graphisch ausgeglichen werden und führt zu der Lichtkurve des Kometen.

Als größte Schwierigkeiten bei solchen Versuchen ergeben sich die Wahl eines passenden Vergleichssterns und der helle Hintergrund, auf dem der Komet meist steht. Günstig ist, daß beträchtliche Helligkeitsänderungen bei Kometen an der Tagesordnung sind, so daß man sie trotzdem konstatieren kann. Hat man ein Opernglas, so beobachte man auch hiermit, vermische aber diese Beobachtungen nicht mit den mit bloßem Auge gemachten. Bei Kometenhelligkeitsschätzungen gelten selbstredend dieselben Regeln wie bei der Beobachtung Veränderlicher.

Die Helligkeit des Schweifs ist viel schwieriger zu beurteilen. Ist die Milchstraße sichtbar, so kann man sie hiermit vergleichen, um von Tag zu Tag vergleichbare Werte zu erhalten. Leichter ist die Schweiflänge zu beobachten. Man gibt die Sterne an, bis zu denen der Schweif sich erstreckt, oder man zeichnet den Kometen ganz in eine (selbstentworfene) Karte der betreffenden Himmelsgegend ein. In einer zweiten Karte bringt man im Schweif Zahlen so an, daß gleiche Zahlen Stellen gleicher Helligkeit des Schweifes entsprechen. Nicht immer sind z. B. die Ränder des Schweifs gleich hell, fast immer sind sie heller als die Mitte. Bezeichnet man die Stelle größter Helligkeit, die meist in unmittelbarer Nähe des Kerns liegt mit 1, so finden sich zunächst noch mehrere Stellen gleicher Helligkeit, die auch die Zahl 1 erhalten. Die nächstschwächeren Stellen werden mit 2 usw. bezeichnet. Nach dieser Methode haben 20 Schüler den Kometen 1910a (Januarkomet) beobachtet und sämtlich festgestellt, daß die eine Seite des Schweifs heller war als die andere, diese viel heller als die Mitte. Alle diese Erscheinungen führen zu der Ansicht, daß der Schweif ein innen hohles Nebelrohr darstellt, das an seiner Spitze den Kopf umhüllt.

Dazu kommen noch Beobachtungen über Farben des Kopfes oder Schweifes. Komet 1910a zeigte deutliche orangegelbe Farbe von Kopf und Schweif in den ersten Tagen seiner Sichtbarkeit, während r in den letzten Tagen weißlich, farblos, leicht grünlich geschätzt wurde. Als Tag der Änderung ergab sich etwa 1910 Januar 25. Der Halleysche Komet erschien ebenfalls matt gelblich vom 20. bis 25. Mai 1910. Ein so großer Komet ist in dem Jahrzent 1910—1920 nicht wieder erschienen.

Endlich sind Bedeckungen eines Sterns durch den Kometen zu beobachten. Dabei ist bisher eine Veränderung des Sterns nicht festgestellt, wenn es sich um Bedeckungen durch Schweif oder Nebelhülle handelte. Kommt der Stern aber dem Kopf sehr nahe, so ergeben sich Farb- und Helligkeitsänderungen des Sterns, die durch Vergleich und Stufenschätzung zu konstatieren sind.

Ihrer wahren Bahn nach zerfallen die Kometen in drei Gruppen, in kurzperiodische, langperiodische und nichtperiodische. Die Namen und Elemente der periodischen Kometen sind in unserer Tabelle enthalten. Von ihnen sind drei, Nr. 3, Nr. 6 und Nr. 8 verschollen und nicht wiedergesehen. Im ganzen sind die Bahnen von etwa 400 Kometen bekannt. Von diesen sind nur 17 periodische Kometen, die Mehrzahl kommt nur einmal zur Sonne. Die periodischen haben Ellipsen zu Bahnen, ähnlich wie die Planeten, nur langgestreckt, die übrigen haben Parabeln oder Hyperbeln zu Bahnen oder — Ellipsen mit so großer Umlaufszeit, daß ihre Wiederkehr nicht sicher ist. So hat die Bahn des großen Kometen von 1858 Donati auf eine Ellipse von 1950 Jahren Umlaufszeit geführt. Er wird also im Jahre 3808 nach Christus wieder erscheinen, wenn er es nicht vorzieht, uns für immer den Rücken zu kehren. Brorsens Komet 1851 III hat gar 1 247 000 Jahre Umlaufszeit. Solche Zahlen sind nur Rechnungsergebnis, ohne praktischen Wert; sie sollen nur andeuten, daß seine Bahn im Jahre 1851 von der Parabel etwas abgewichen ist und zwar nach der Seite einer ungeheuer langgestreckten Ellipse.

Gehen wir nun über zu einer historischen Übersicht über die erschienen Kometen, so ergibt sich von selbst, daß wir uns auf die hervorragendsten Erscheinungen beschränken müssen.

Das größte Interesse beansprucht der Halleysche Komet, weil Halley an ihm zum ersten Male die Periodizität eines Kometen erkannte. Nach neusten Berechnungen ist er beobachtet 240 v. Chr., 163 v. Chr., 87 v. Chr., 12 v. Chr. — 66 n. Chr., 141, 451, 684, 760, 837, 989, 1066, 1145, 1222, 1301, 1378, 1456, 1531, 1607, 1682, 1759 (von Halley vorausgesagt), 1835 und die Erscheinung 1910.

IX. Kometen, Meteore und Sternschnuppen

1681 war ein großer Komet sichtbar, mit 80° langem Schweif von 75 000 000 km Länge. Er brachte den Pastor Dörffel in Plauen auf die Vorstellung, daß die Bahnen der Kometen Parabeln seien.

1744: der schönste Komet des 18. Jahrhunderts, war eine Zeitlang bei Tage sichtbar; sein Schweif war März 1744 in sieben Teile gespalten.

1769 hatte einen 90° langen Schweif.

1807 war heller als ein Stern 2. Größe, zeigte einen doppelten Schweif.

1811 I: einer der schönsten Kometen, der besonders lange zu sehen war. Ihm wird im Scherz das gute Weinjahr 1811 zugeschrieben.

1858 VI: der Donatische Komet, die prächtigste Erscheinung im 19. Jahrhundert neben dem folgenden:

1882 II war so hell, daß er neben der hellen Sonne mit bloßem Auge erkennbar war.

1893 II wurde mit bloßem Auge entdeckt, ist in Abb. 29 abgebildet.

1907 IV war im August am Morgenhimmel auffallend, 2.—3. Größe mit einem Schweif von mehr als 10° Länge.

Was sind denn nun die Kometen? Daß sie trotz der Ähnlichkeit der Bahnen mit den Planeten keine Gemeinschaft haben, geht aus ihrem Anblick allein hervor. Dazu kommt, daß noch niemals ein störender Einfluß eines Kometen auf Planeten oder Monde gefunden ist, ja die Erde ist schon häufiger in bedenkliche Nähe eines Kometen geraten, und doch kein Einfluß von seiten des Kometen auf die Bahn der Erde! Also muß die Masse des Kometen verschwindend gering gegenüber der Erdmasse sein. Woher dann aber die riesige Größe des Schweifes, die nach Millionen von Kilometern zählt? Warum zeigt der Schweif stets nach der von der Sonne abgewandten Seite?

Alle diese Fragen sind in hinreichender Weise von Bessel, Olbers und Bredechin gelöst worden. Nach ihnen enthält der Kern des Kometen feste Körper, die bei der Annäherung an die Sonne durch die Erwärmung Gase entwickeln. Diese Gase strömen auf die Sonne zu. Solche Ausströmungen kann man in der Tat bei den Kometen im Fernrohr beobachten. Nach einiger Zeit kehren diese Ausströmungen um und bilden den Schweif des Kometen. Dieses Umkehren erklärt sich durch die Annahme einer von der Sonne ausgehenden zurückstoßenden Kraft. Danach besteht der Schweif aus Gasen, die von der Sonne abgestoßen allmählich schneller und schneller sich von dem Kern entfernen. Für die Natur der abstoßenden Kraft gibt es zwei Erklärungen. Es liegt nahe, an elektrische abstoßende Kräfte zu glauben. In der Tat genügen elektrische Kräfte zur Erklärung, doch hat man

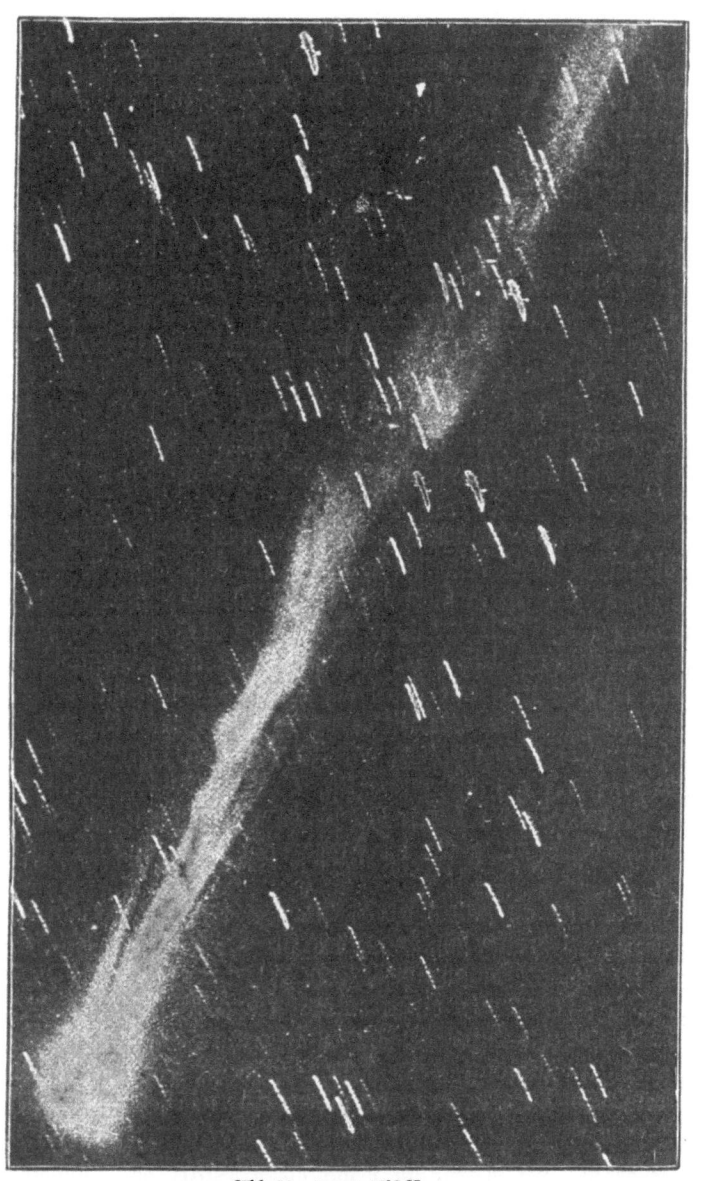

Abb. 29 Komet 1893 II.

in letzter Zeit noch eine andere Kraft herangezogen. Es läßt sich theoretisch und praktisch zeigen, daß das Licht eine abstoßende Kraft auf einen Körper ausübt, wenn es auf ihn auffällt. Diese Kraft, der sogenannte Lichtdruck, ist im allgemeinen sehr gering, erreicht aber bei Gasmolekülen wegen deren Kleinheit eine Größe, daß er in der Tat die Anziehung der Sonne überwindet.

Da der Schweif eine Ausströmung des Kerns ist, so folgt, daß er bei seiner Bildung dem Kern Masse entzieht. Periodische Kometen werden also an Masse abnehmen. Dazu kommt eine andere, von Schiaparelli entdeckte Erscheinung, die dem Leben solcher Kometen ein Ende bereitet. Seine Masse wird allmählich längs der Bahn verstreut und bildet einen elliptischen Ring, dessen einzelne Teile sämtlich ungefähr dieselbe Bahn beschreiben. Solch ein Ring heißt ein Meteorring, aus dem Grunde, weil die Erde, wenn sie in einen solchen Ring hineingerät, das schöne Schauspiel eines Meteor= falles erlebt.

Was eine Sternschnuppe ist, weiß jedermann. Eine besonders helle Sternschnuppe heißt eine Feuerkugel oder ein Meteor. Es sind Massenstücke, die im Weltenraum laufend in den Anziehungsbereich der Erde geraten, mit der ihnen eigenen Geschwindigkeit in unseren Luftmantel fliegen, sich dabei durch Reibung an der Luft bis zum Glühen erhitzen und nur selten auf die Erde niederfallen. Treten solche Sternschnuppen und Meteore an einem Tage in großer Zahl auf, so wird die Vermutung nahe liegen, daß die Erde in einen solchen Meteorring hineingeraten ist.

Es ist deshalb die Beobachtung von Sternschnuppen und Me= teoren von Bedeutung für die Frage nach dem Verbleib von Ko= meten.

Gehören alle an einem Abend beobachteten Meteore einem und demselben Meteorring an, so werden sie, ehe die Erde zwischen sie geriet, im Raume Bahnen beschrieben haben, die unter sich parallel sind. Solche Parallelen erscheinen aber einem Beobachter nicht par= allel, wie uns die Eisenbahnschienen lehren. Je weiter zurück man die Parallelen verfolgt, desto mehr nähern sie sich scheinbar einem und demselben Punkte, den man „Fluchtpunkt" in der darstellen= den Geometrie heißt. Unsere zusammengehörigen Meteore werden also Bahnen beschreiben, die rückwärts verlängert alle durch denselben Punkt gehen. Der Astronom nennt diesen Punkt den „Radianten" der Meteore, weil sie von ihm scheinbar auszustrahlen scheinen. Käme ein Meteor genau auf den Beobachter zu, so müßte es im Radianten stille zu stehen scheinen.

Wie beobachtet man nun die Bahnen von Meteoren und Sternschnuppen? Man verschafft sich zunächst eine Karte der zu beobachtenden Gegend, die sehr übersichtlich — ohne Namen usw. — nur die helleren Sterne enthalten darf. Genügende Kenntnis des Himmels vorausgesetzt, ist es ein Leichtes, die meist geradlinige Bahn eines Meteors in diese Karte einzuzeichnen. Jedes Meteor erhält eine Nummer, unter der auf einem besonderen Blatt in ein vorgeschriebenes Schema folgende Bemerkungen einzutragen sind:

1. Zeit des Meteors (Datum, Stunde, Minute, Sekunde),
2. Dauer des Meteors (nach Schlägen der Taschenuhr gezählt oder geschätzt),
3. Helligkeit (verglichen mit gleich hellen Sternen),
4. Farbe (blau, weiß, grün, gelb, orange, rot),
5. Schweif (wenn vorhanden: Länge, Farbe, Dauer, Abweichungen in der Gestalt. Im allgemeinen genügt ein S, d. h. es war ein momentan sichtbarer Schweif ohne Besonderheiten vorhanden).
6. Bemerkungen.

Zu der Messung der Dauer des Meteors — und ebenso der seines Schweifes — sei noch folgendes bemerkt. Die Zeitdauer ist deshalb so wichtig, weil aus ihr die Geschwindigkeit des Meteors erschlossen wird. Man lege deshalb besonderes Gewicht auf ihre Bestimmung. Im Moment des Eintretens des Meteors beginne man mit der Uhr zu zählen: 1, 2, 3, 4, 5, 6, 7, 8, 9, 10, 1, 2, 3, 4, 5, 6, 7, 8, 9, 20, 1, 2 usf. bis zum Verlöschen. Das Ticken der Taschenuhr ist zwar schnell, nach kurzer Übung gelingt es aber nach obiger Art mitzuzählen. Diese Zahlen bedeuten dann Fünftel-Sekunden. Folgendes Schema gibt ein besonders helles Meteor wieder, das seinen Radianten im Pegasus hat:

1910 Juli 25, $8^h 45^m 10^s$	13	$> ♀$	weiß	S 8	Stillstehen des Meteors, Zerplatzen

d. h. in Worten: Zu der angegebenen Zeit wurde ein Meteor $\frac{13}{5} = 2^s,6$ lang gesehen, das heller als Venus und von weißer Farbe war und

IX. Kometen, Meteore und Sternschnuppen

einen Schweif von $\frac{8}{5} = 1^s{,}6$ Dauer hinterließ. Es stand (an dem in der Karte mit × zu bezeichnenden Punkte) still und zerplatzte.

Die Fülle der Einzeichnungen, die zu besorgen sind, erfordern längere Zeit, so daß man bei zahlreichen Sternschnuppenfällen sich auf die günstigsten wird beschränken oder mit einem Freund wird zusammen arbeiten müssen.

Hat man mehr als zwei Sternschnuppen an verschiedenen Stellen des Himmels aufgezeichnet, so wird man die Bahnen auf das Vorhandensein eines Radianten prüfen. Die Aufgabe löst sich am einfachsten zeichnerisch, wenn man die Bahnen rückwärts verlängert. Auf diese Weise sind die Radianten der folgenden Tabelle erhalten worden, in denen für die Tage des Jahres die Radianten angegeben sind.

Hat man den Radianten eines Schwarms gefunden, so folgt sofort die Bahn des Schwarms. Denn der Knoten der Bahn mit der Ekliptik ist, weil ja eben die Erde in den Schwarm hineingerät, durch die Stellung der Erde bekannt. Die Länge des Knotens ist also gleich der Länge der Erde an dem Tage des Auftretens des Schwarms. Die Neigung der Bahnebene des Schwarms ergibt sich gleichfalls leicht aus der Breite des Radiationspunktes. Findet man endlich noch die wahre Geschwindigkeit der Sternschnuppen, so kann man entscheiden, in welchem der drei Kegelschnitte Ellipse, Parabel, Hyperbel sich die Teilchen um die Sonne bewegen. Je nachdem diese Geschwindigkeit kleiner, gleich oder größer als 41,4 km in der Sekunde ist, ist die Bahn elliptisch, parabolisch oder hyperbolisch. Im ersten Fall gehört die Sternschnuppe einem periodischen Schwarme an. In den beiden letzten Fällen kommt sie aus der Unendlichkeit des Weltenraumes von einer anderen Sonne zu uns und verläßt uns wieder, um in neue weite Fernen zu wandern, ganz ähnlich wie Kometen in parabolischen oder hyperbolischen Bahnen. — Als Bahnelemente des vom 9.—11. August auftretenden Schwarms der „Perseiden" ergibt sich

Knotenlänge $\Omega = 137°$
Neigung $i = 114°$.

Beide Elemente stimmen mit denen des Kometen 1862 III überein, der in 119 Jahren um die Sonne läuft. Wir dürfen also die Perseiden als die Auflösungsprodukte dieses Kometen ansehen, die sich über die gesamte Bahn verteilt haben. Der Komet selbst ist nur eine besonders dichte Stelle in diesem Schwarm. — Auch der in den Tagen

Schwärme von Meteoren

vom 13.—15. November auftretende Schwarm der Leoniden (Radiant im Sternbild des Löwen) hat dieselben Elemente wie ein Komet, nämlich der von 1866 I, mit 33,2 Jahren Umlaufszeit. Dieser Schwarm zeigte seine Zusammengehörigkeit mit dem Kometen selbst deutlich genug, so daß er Schiaparelli auf die geniale Idee der Zusammengehörigkeit der Kometen mit den Sternschnuppenschwärmen brachte Der Schwarm trat nämlich zwar jedes Jahr auf, aber in den Jahren 1799, wo ihn Humboldt in Cumana in Venezuela sah, 1833, wo in einer Viertelstunde 650 Sternschnuppen fielen, dann 1866 besonders zahlreich. Die Umlaufszeit tritt deutlich hervor. Als nun die Astronomen für 1899 das Wiederkehren des feurigen Regens voraussagten, war die ganze Welt gespannt. Viele Expeditionen wurden — nach Indien und weiter — ausgerüstet, ich selbst besinne mich noch genau auf die frostige Nacht, die wir auf einem hohen Turm in kalter klarer Novembernacht verbrachten: aber kein Feuerregen, ja sogar auffallend wenig Sternschnuppen traten ein. — Den Grund wiesen die Engländer Downing und Stoney — leider hinterher — nach: Der Schwarm war durch Jupiter und Saturn 1866 aus seiner Bahn gelenkt und ging fast 300 000 km an der Erde vorbei.

Ebenso gehört der Schwarm der Andromedaïden vom 23. November zu dem Bielaschen Kometen und wird daher meist Schwarm der Bieliden genannt. Der Komet hat 6½ Jahre Umlaufszeit, erst nach 13 Jahren trat daher früher die Erde in die dichteste Stelle des Schwarms, nämlich zum ersten Mal 27. November 1872, dann 27. November 1885. Die Voraussage für den 27. November 1898 blieb aus. Der Schwarm ist zwar nicht abgelenkt, aber weiter in seiner Bahn verteilt, so daß wir jetzt jedes Jahr zwar Bieliden treffen, aber mit der Auflösung der Häufungsstelle das Schauspiel des Sternschnuppenregens verloren haben. Der Bielasche Komet selbst ist 1852 zum letzten Mal gesehen, seitdem verschwunden, ein glänzender Beweis für Schiaparellis Theorie. Neugebauer hat für die Bieliden nachgewiesen, daß der Kreuzungspunkt mit der Erdbahn sich durch Störungen etwas verschoben hat und von der Erde am 18. November schon passiert wird. Bestätigende Beobachtungen fehlen noch.

Dann allerdings hat man nur noch für die um den 20. April auftretenden Lyriden einen zugehörigen Kometen gefunden nämlich 1861 I.

IX. Kometen, Meteore und Sternschnuppen

Bedenkt man, daß selbst bei dichtem Sternschnuppenfall eine bis mehrere Sekunden zwischen zwei Sternschnuppenfällen vergehen, in denen die Erde 50 km etwa durcheilt hat, daß jede Sternschnuppe wohl nur nach Grammen wiegt, so sieht man, wie gering die Masse des ganzen Schwarms ist, wie grundlos also Weltuntergangsbefürchtungen aus Anlaß der Annäherung der Erde an einen solchen Schwarm sind.

Einige Sternschnuppenradianten.

Zeit	Beschreibung	Strahlungspunkt
2. Januar	Schnell, lange Bahnen	6° südlich ι Draconis
17. Januar	Langsam, hell	Zwischen d und 7 Cygni
20. Februar	Schnell, hell	Nordwestlich von Coma berenices
18. März	Langsam, hell	Zwischen β u. $\varkappa$ Cephei
20. April	Schnell	„Lyriden". Zwischen A u. ϑ Herculis
7. Juni	Sehr hell	Aus der Gegend um Antares
28. Juli	Langsam, lang	Etwa σ Aquarii
10. August	Schnell, Striche	„Perseïden" k Persei
18. Oktober	Schnell, Striche	ν Orionis
13. November	Schnell, Striche	„Leoniden". Zwischen γ u. ε Leonis
27. November	Sehr langsam	χ Andromedae
10. Dezember	Schnell, kurz	Zwischen α u. ϑ Geminorum

Setzt man seine Beobachtungen längere Zeit hindurch fort, so findet man in den Nachtstunden einen deutlichen Unterschied in der Zahl der Meteore und Sternschnuppen. Die Zahl der stündlich fallenden Meteore nimmt bis zum Morgen hin zu, um dann wegen der Dämmerung schnell zurückgehen. Diese Erscheinung hat ihren Grund in der Bewegung der Erde um die Sonne, zufolge deren die Gegenden der Erde vorangehen, welche Morgen haben, während die Gegenden die Abend haben, auf der Rückseite der fliegenden Kugel liegen. Daher geraten an einem Ort morgens mehr Meteore in den Anziehungsbereich der Erde, als abends.

Bei großen Meteoren zeichne man Anfang und Ende der Bahn auf, gegebenen Falles Lage des „Hemmungspunktes". Man kann daraus Himmelsrichtung (Azimut) und Höhe über dem Horizont dieser Punkte finden, wenn die Zeit bekannt ist. Sind solche Beobachtungen an mehr als einem Orte gemacht, so liefert eine Zeichnung die schnellsten Ergebnisse über die Entfernungen vom Beobachter. Man trägt in eine Landkarte die Richtungen ein, in denen das Meteor zu

Konstruktion der Höhe eines Meteors

sehen war. Alle diese führen — wenn die Beobachtungen gut sind — auf denselben Ort. Dieser hat das Meteor senkrecht über sich gesehen. Klappt man dann die Höhendreiecke in die Ebene, so müssen sie alle dieselbe Höhe ergeben. Natürlich muß die Zeichnung für Anfang und Ende gesondert angefertigt werden.

Ein Beispiel hilft mehr als alle Theorie. Am 17. September 1909 wurde in Ostpreußen eine sehr helle Feuerkugel gesehen, von der mir aus Tilsit, Gumbinnen, Goldap, Wehlau Beobachtungen zu Gebote standen und zwar in

dem Ort	die Himmelsrichtung	die Höhe
Tilsit	22° von Süd nach West	32° über dem Horizont.
Gumbinnen	32° ,, West ,, Süd	42° ,, ,, ,,
Goldap	2° ,, West ,, Nord	45° ,, ,, ,,
Wehlau	26° ,, Süd ,, Ost	55° ,, ,, ,,

Abb. 30 zeigt, wie der Ort konstruiert wurde, über dem dieser Punkt der Bahn (es ist das Ende) lag. In der Tat gehen die angegebenen Himmelsrichtungen nahe durch einen Punkt, 5 km westlich von Nordenburg. Die Höhendreiecke aus allen beobachteten Höhen geben Höhen zwischen 50 und 55 km, da 1 mm der benutzten Karte gleich 1 km ist. — Eine ebensolche Skizze lieferte Anfang der Bahn 10 km nördlich von Wehlau in 105 km Höhe. Anfang, Ende, Wehlau, Nordenburg bilden dann ein Trapez, aus dessen Konstruktion die wahre Länge der Bahn zu 70 km folgt. Diese 70 km hatte der Körper in 8$^\sigma$ (Schläge der Taschenuhr) gleich 1,6 Sekunden zurückgelegt. Seine Geschwindigkeit war also 44 km in der Sekunde.

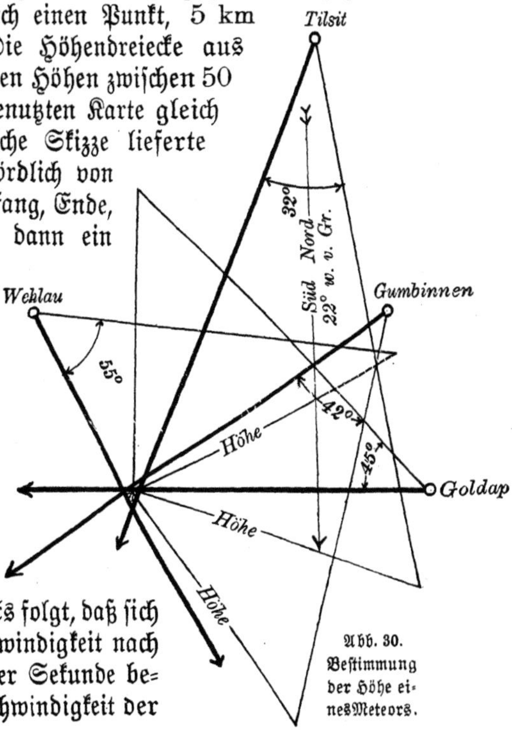

Die wahre Länge der Bahn dividiert durch die Zeitdauer des Meteors gibt die Geschwindigkeit des Körpers. Es folgt, daß sich die meisten Meteore mit Geschwindigkeit nach Zehnern von Kilometern in der Sekunde bewegen. Hierin ist aber die Geschwindigkeit der

Abb. 30. Bestimmung der Höhe eines Meteors.

IX. Komete. Meteore und Sternschnuppen

Erde enthalten, die die Sternschnuppe einholt oder von ihr eingeholt oder auch direkt getroffen wird.

Selten gelangen Meteore zur Erde. Die wenigen so erhaltenen Körper sind chemisch entweder steiniger oder metallischer Natur. Von Metallen überwiegt Eisen, und zwar enthält es stets Nickel. Solche Meteoriten zeigen beim Ätzen mit Säure schöne Musterung sich kreuzender Linien, die nach ihrem Entdecker Widmanstättensche Figuren heißen. Er erkannte sie an dem am 26. Mai 1751 gefallenen Eisen von Agram.

Der größte der älteren Meteoriten ist der von Knyahinya, der 294 kg wiegt und 0,084 cbm einnimmt. Die meisten Exemplare sind von Faustgröße, bei sog. Steinregen sogar bis Nußgröße herabgehend, ja selbst staubartig klein.

Berühmte Meteorsteine sind der in der Kaaba von Mekka, der von Braunau in Böhmen (14. Juni 1847), der von Pallas entdeckte bei Krasnojarsk in Sibirien, der Chladni 1794 Veranlassung gab, den Ursprung der Meteore außerhalb der Erde zu suchen, der Olivinstein von Mezö-Madaras in Siebenbürgen, der weiße Stein von Bishopvill; die Steine von Stannern in Mähren und Juvinas in Frankreich enthalten Anorthit. Graham hat nachgewiesen, daß Wasserstoff in den Meteoreisensteinen absorbiert ist und durch Erhitzen ausgetrieben wird. Für die Theorie der Kometen ist das eine wichtige Stütze.

Das Verzeichnis gibt die bekanntesten Meteorsteinfälle an:

Datum	Ort	Beschreibung
476 v. Chr.	Thrazien	Wie ein Wagen
4. Sept. 1511 n. Chr.	Crema	Tausend Steine
14. Sept. 1599	Venedig	—
4. Sept. 1650	Mailand	—
14. Oktober 1755	Locarno	—
22. Mai 1808	Stannern in Mähren	—
14. Juni 1847	Braunau in Böhmen	
12. Mai 1861	Butsura, Ostindien	3 Steine in mehreren Kilometer Entfernung gefallen.
6. Juni 1866	Knyahinya	250 kg schwer
30. Jan. 1868	Pultusk, Polen	Steine und Staub
14. März 1881	Middlesborough, England	2 kg
27. März 1886	Cabin Creek in Arkansas	47 kg schwer, Eisen
10. Juli 1890	Allegan, Nordamerika	31 kg, wurde noch heiß gefunden

Zusammenfassend können wir sagen, daß Meteore selten im Zusammenhang mit Sternschnuppen auftreten, sondern plötzlich und unregelmäßig. Sie verdanken ihren Ursprung wohl seltener den Kometen, sondern sind Bruchstücke sonstiger Körper. Sternschnuppen dagegen sind, wenn sie in regelmäßigen Schwärmen wiederkehren, Reste von Kometen.

Zum Schluß sei gewarnt vor subjektiven Auffassungen, die eine große Rolle bei Meteorbeobachtungen spielen. Viele Leute hören das Zischen der Kugel, obgleich der Schall die Entfernung von etwa 100 km erst in ungefähr 300^s, d. h. 6^m zurückgelegt haben kann, gleichzeitig mit dem Sehen. Objektiv hört man das Zerplatzen des Meteors häufig mit Donner erfolgen, natürlich kommt der Donner erst einige Minuten hinterher. Ferner glaubt man oft die Feuerkugel unmittelbar in den Boden einschlagen oder vor Bäumen vorbeigehen zu sehen. Endlich täuscht man sich über die scheinbare Größe des Meteors. Es hat keinen Zweck, diese mit Billardkugeln, Eiern, Kegelkugeln, Menschenköpfen usw. zu vergleichen, da deren scheinbare Größe von der Entfernung abhängt, in der wir sie sehen. Das beste Vergleichsobjekt ist der Mond, dessen Größe 30' beträgt.

Angaben über helle Meteore sende man der nächsten Sternwarte.

Das Zodiakallicht.

Besonders im Frühjahr sieht man hell in den Tropen, bei uns schwach, eine Lichtpyramide, deren Mittelpunkt die Sonne zu sein scheint. Sie scheint mit der Ekliptik zusammenzufallen und führt daher den Namen Tierkreis- oder Zodiakallicht. Es ist schwer zu beobachten, nach Doberck endet es 55° von der Sonne entfernt. In der Achse ist das Licht heller als an den Rändern. Genaue Zeichnungen des Zodiakallichtes sind besonders erwünscht an Orten, an denen jede sonstige Erhellung des Himmels durch irdische Lichter ausgeschlossen, also z. B. bei Seereisen, weitab von großen Städten an verlassenen Küstenstellen, besonders nahe den Tropen. Brorsen hat der Sonne gegenüber noch eine matte Fläche entdeckt, den Gegenschein, Bayldon hat das Licht als ein mattes, 30° breites Band den ganzen Himmel überziehen sehen. Die Mittellinie des Bandes lag nicht in der Ekliptik, sondern war 4° gegen sie geneigt. Diese Beobachtung stimmt mit Wolf überein, der eine Neigung von 6° durch flächenweises Photographieren feststellte. Genaue Einzeichnung des Zodiakallichtes in eine Sternkarte könnte hierzu Beiträge liefern.

Über die Natur des Lichtes bestehen viele Ansichten. Seeliger hält es für eine flache Scheibe kosmischen Staubes, Evershed hält den Gegenschein für eine Art Kometenschweif der Erde, Barnard hält das Zodiakallicht für den Widerschein der vielen Tausend kleiner und kleinster Planeten. Jedenfalls werden nur genaueste Beobachtungen, besonders über etwaige Helligkeitsänderungen durch Vergleich mit der Milchstraße, eine Entscheidung der gänzlich ungelösten Frage bringen.

X. Die Benutzung des photographischen Apparates bei Himmelsbeobachtungen.

Die Photographie ist nicht nur eine schöne Kunst, der photographische Apparat in den Händen des Amateurs nicht nur geeignet, hübsche Erinnerungsbilder festzuhalten, in ihm steckt auch ein großer Wert für wissenschaftliche Anwendungen, auch auf dem Gebiet der Himmelsbeobachtung. Wir wollen ihn uns daher einmal genauer ansehen: Kamera, Objektiv und Platte sind seine drei Hauptbestandteile. Welchen Bedingungen müssen sie genügen, wenn wir sie hier mit Erfolg benützen wollen? Die Kamera keinen besonderen: sie muß lichtdicht sein und auf unendlich genau einstellbar. Aber das Objektiv! So mancher wird seinem Objektiv, das zwar hübsche Momentbilder bei Sonnenschein liefert, doch nicht zutrauen, daß es die schwachen Lichtfünkchen der Sterne aufzeichnet. Eine allgemeine Regel dafür, welche Objektive dazu geeignet sind, läßt sich aber leicht ableiten! Nehmen wir an, daß die Abbildung selbst fehlerfrei sei, so kommt es also noch auf die Lichtstärke des Objektivs an; diese ist bei flächenhaften Objekten um so größer, je größer die Öffnung des Objektivs, um so größer, je kleiner die Brennweite ist, also proportional dem Quotienten
$$\frac{a}{f},$$
wo a die Öffnung und f die Brennweite ist. Dieser Quotient führt den Namen Öffnungsverhältnis und schwankt bei photographischen Objektiven von 1:5 bei den besten, bis zu 1:20 bei schlechten Linsen. Man kann sagen, daß ein Objektiv mit dem Öffnungsverhältnis $>$ 1:8 für unsere Zwecke erforderlich ist.

Bei den Sternen als punktförmigen Objekten hängt nun aber eigentlich, wird der überlegende Leser sagen, die Helligkeit des Bildes

Der feststehende photographische Apparat

nur von der Öffnung des Objektivs ab. Und das ist auch richtig, wenn die Sterne stillständen oder wenn man ein Uhrwerk und eine Montierung besitzt, die den Apparat mit den Sternen drehen. Für uns sind die Sterne bewegte punktförmige Objekte, und deren Helligkeit ist um so kleiner, je schneller das Bild auf der Platte wandert, also je länger die Brennweite ist. Also — doch proportional zu $a:f$!

Richten wir einen photographischen Apparat gegen den Himmel, stellen wir ihn mit dem Objektiv nach oben einfach offen hin, was wird nachher auf der Platte erscheinen? Die Sterne werden sich nicht als Punkte abbilden, sondern müssen zu Strichen ausgezogen erscheinen. Diese Striche auf der Platte sind je nach der Helligkeit der Sterne auf der Platte verschieden schwarz. Man erhält in demselben Apparat je nach der Geschwindigkeit, mit der die Sterne scheinbar sich bewegt haben, auch von zwei gleich hellen Sternen verschieden geschwärzte Striche. Ein Stern 2. Größe in der Nähe des Äquators wird in einen längeren Strich ausgezogen als ein Stern 2. Größe in der Nähe des Pols! Will man also Helligkeitsschätzungen der Sterne auf den Aufnahmen vornehmen, so muß man die Länge der Striche berücksichtigen. Sind zwei Striche gleich schwarz, aber der zweite doppelt so lang wie der erste, so ist der zweite Stern heller als der erste, und zwar sendet er doppelt so viel Licht aus. Richten wir den Apparat gegen das Sternbild des Orion, so erhalten wir nach meinen Erfahrungen mit guten Apparaten bis Sterne der 4,5. Größenklasse, mit sehr guten bis über die 6. Größenklasse. Sterne welcher Größenklasse werden dann weiter gegen den Pol hin abgebildet? Die sphärische Trigonometrie lehrt, daß die Länge der Striche mit dem $\cos \delta$ abnimmt. Andererseits enthält ein Stern n. Größe 2,5 mal mehr Licht als ein Stern $(n+1)$. Größe. Also muß der Strich eines Sterns 5,5. Größe bei einem guten Apparat gerade sichtbar werden, wenn er 2,5 mal kürzer ist, als am Äquator, d. h. wenn

$$\cos \delta = \frac{1}{2,5} = 0,4$$

ist. Es folgt $\delta = 66^0$. Also noch 24^0 vom Pol entfernt zeichnet der Apparat eine Größenklasse mehr als am Äquator auf. Wollen wir zwei Größenklassen mehr erhalten, so muß

$$\cos \delta = \frac{1}{6,25} = 0,16 \text{ sein, also } \delta = 81^0.$$

Richten wir also den Apparat gegen den Pol, so wird ein guter Apparat sicherlich Sterne 6,5. Größe, ein sehr guter sogar Sterne 8. Größe aufzeichnen. Das sind mehr, als wir mit bloßem Auge sehen. Damit ist Klarheit geschaffen über die Leistungsfähigkeit der Apparate.

Die erhaltenen Bilder sehen allerdings nicht nach Sternen aus, weil sie alle mehr oder minder längere Striche darstellen, zunächst ein Nachteil, der sich für uns aber bald in einen nicht zu unterschätzenden Vorteil verwandeln wird. Wollen wir nun einmal zusehen, was wir auf diesen Photographien messen können. Zunächst Sternhelligkeiten, indem wir die Schwärzung und Deutlichkeit der Striche vergleichen und mit der Länge multiplizieren. Haben zwei Sterne gleiche Schwärzung hervorgerufen, ihre Bildlängen sind aber 15 und 12 mm, so ist der erste $\frac{15}{12}$mal so hell wie der zweite. Zur Umrechnung in Größenklassen benutzt man die Annahme, daß jede folgende Größenklasse $2\frac{1}{2}$ mal weniger Licht hat als die vorhergehende. Die x. folgende Klasse hat dann $2{,}5^x$mal weniger, also ist

$$2{,}5^x = \frac{15}{12} \text{ oder } x = \frac{\log \frac{15}{12}}{\log 2{,}5}; \text{ es folgt } x = 0{,}24,$$

also ist die Differenz beider Sterne in Größenklassen gleich $0{,}24^m$. Besonders genau ist die Methode, wenn man wie eben gleiche Schwärzung bei beiden Sternen voraussetzt. Zu beachten ist, daß die Helligkeit nach dem Rande der Platte hin stark abnimmt, daß man also nur zwei Sternbilder vergleichen darf, die nahe aneinander liegen. Es ergibt sich das schöne Resultat, daß die photographisch gemessenen Helligkeiten durchaus nicht mit den mit dem Auge gemessenen übereinstimmen. Die Erklärung liegt in der starken Empfindlichkeit der Platte für blau, in der Unempfindlichkeit für Rot.

Die nächste Aufgabe ist die Berechnung des Orts eines etwa unbekannten Sternes. Man nimmt zwei bekannte Sterne als „Fundamentalsterne" an, mißt die Abstände des unbekannten von diesen beiden und kann den Ort berechnen, und zwar ist die bequemere Art das Messen senkrechter Abstände, in Richtung und senkrecht zu den von den Sternen gezogenen Spuren. Da diese Spuren nun direkt die Kreise gleicher Deklination am Himmel sind, so mißt man in ihrer Richtung den Rektaszensionsunterschied, senkrecht zu den Stern-

Meſſungen an Aufnahmen 159

ſpuren den Deklinationsunterſchied. Wir werden noch häufig Gebrauch von dieſer Meßmethode machen; will ſie jemand alſo praktiſch ſpäter mit Erfolg benützen, ſo heißt es ſich jetzt ſchon üben und die Reſultate vergleichen mit den in unſerem kleinen Sternkatalog gegebenen Angaben. Dabei wird ſich ſelbſt bei guten Apparaten ein Fehler herausſtellen, die Verzeichnung der Platte nach dem Rande hin; indeſſen kann man ihn ſtark in ſeiner Wirkung herabſetzen, wenn man nur nahegelegene Sternſpuren miteinander kombiniert. Will man die Genauigkeit dieſer Meſſungen ein für allemal ſo groß wie möglich machen, ſo muß man eine Platte gut vermeſſen und die Reſultate mit den Angaben des Katalogs vergleichen. In der Mitte ſetzt man am beſten die Verzeichnung Null an, ſie wächſt dann mit der Entfernung von der Mitte der Platte. Es iſt aber ſchwer, ſie bei der obigen Art der Meſſung parallel und ſenkrecht zu den Sternſpuren zu berückſichtigen. Man kann deshalb zu genauen Meſſungen einen kleinen Kniff anwenden: man verdeckt während der Expoſition einmal oder mehreremal in gleichen Zeitabſtänden auf etwa 5^s das Objektiv (nicht berühren, es genügt ein Blatt ſchwarzen Papiers in einiger Entfernung). Dann ſind die ſchwarzen Sternſpuren auf eine ganz geringe Strecke unterbrochen. Wählt man dann noch einen hellen Stern in der Nähe des Äquators, z. B. die drei Sterne des Gürtels des Orion ($\delta, \varepsilon, \zeta$ Orionis) und ſorgt dafür, daß ſie genau durch die Mitte der Platte gehen, ſo erhalten wir eine gerade Linie als Sternſpur, die in regelmäßigen Abſtänden unterbrochen iſt. Die Verzeichnung iſt direkt meßbar. In Richtung jedes anderen Durchmeſſers der Platte iſt ſie ebenſo groß.

Doch nun zur Anwendung dieſer Methode auf Aufgaben der Himmelsbeobachtung. Es ergibt ſich zunächſt die Möglichkeit der Beſtimmung der geographiſchen Breite mit dem Apparat. Richten wir einen Apparat gegen das Zenit, ſo geht ein Stern genau durchs Zenit, deſſen Deklination gleich der Polhöhe, d. h. der geographiſchen Breite des Beobachtungsortes iſt. Es kommt dann nur darauf an, das Zenit auf der Platte zu markieren. Man kann dazu einige Fäden oder beſſer blanke Drähte auf der Platte mitphotographieren, die man ſenkrecht aufhängt, indem man ſie z. B. unten mit einem Stein beſchwert. Alle dieſe Fäden zeigen in Wirklichkeit nach dem Zenit. Beleuchtet man ſie daher eine Zeitlang, ſo erſcheinen auf der Platte ihre Bilder als gerade Linien, die alle nach einem Punkte zeigen. Dieser Punkt ist das gesuchte Zenit auf der Platte; er liegt z. B. zwischen zwei Sternspuren, und man kann durch Messen der senkrechten Abstände des Zenitpunktes von den Sternspuren und durch Interpolieren die Deklination des Zenits leicht berechnen. Durch Anschluß an verschiedene Paare von Sternspuren kann man mehrere Bestimmungen auf einer Platte ausführen, zwischen denen das Mittel zu nehmen ist. Die Ausführung der Photographie der Fäden ist jedoch nicht ganz leicht; denn da der Apparat auf „unendlich" eingestellt ist, so müssen die Fäden sehr weit entfernt, d. h. sehr hoch sein, damit sie mit den Sternen scharf erscheinen. Bei einem Apparat mit der Brennweite von 16,5 cm erscheinen z. B. bei der Einstellung auf „unendlich" die Fäden erst in einer Entfernung von 7 m scharf. Doch kann man die Fäden aus oberen Stockwerken eines Hauses bis zum Boden herunterhängen lassen und den Apparat fast unmittelbar an der Hauswand fast zwischen den beiden Fäden aufstellen. Die Fäden nimmt man aus weißem Zwirn oder blankem Draht und beleuchtet sie eine Zeitlang mit Magnesiumlicht oder auch längere Zeit mit einer Lampe. Wenn die ersten Aufnahmen mißglücken, werden einige Versuche bald das Richtige treffen lassen. Man wird immer daran denken müssen, daß eine Polhöhebestimmung mit einem Fehler von 2′ schon ein sehr schönes Resultat ist; dann wird man die aufgewandte Zeit und Mühe nicht zu hoch einschätzen. (Man kann auch nach der Aufnahme der Sterne (etwa 1^h lang) die Irisblende klein stellen und die Fäden mit langer Belichtung aufnehmen. Doch darf der Apparat dabei nicht verschoben werden).

Eine andere Anwendungsmöglichkeit des photographischen Apparates bieten die Sternschnuppen und Meteore. Untersuchen wir die Bedingung, wann ein Sternschnuppe oder ein Meteor von unserem Apparat noch aufgezeichnet wird. Der Apparat zeichnet am Äquator Sterne 4,5. Größe auf. Diese Sterne haben sich mit einer Geschwindigkeit von 360° in 24^h vor dem Apparat vorbeibewegt; die Helligkeit der Sternschnuppe muß also so groß sein, daß ihre viel größere Geschwindigkeit durch größere Helligkeit aufgewogen wird. Die Geschwindigkeit der Meteore beträgt mindestens wohl 10° in 1^s, das ist 2400mal schneller als unser Stern am Äquator. Also muß sie 2400mal heller sein, wenn der Apparat sie noch aufzeichnen soll; in Größenklassen folgt
$$2,5^x = 2400$$

$$x = \frac{\log 2400}{\log 2{,}5} = 8{,}49.$$

Die Sternschnuppe müßte also 8,49 Größenklassen heller sein, als ein Stern 4,5. Größe, sie müßte — 4. Größe sein, das ist so hell wie der Planet Venus in seinem größten Glanze. Daraus ergibt sich, daß wir nicht darauf rechnen dürfen, die gewöhnlich Sternschnuppen genannten kleinen Erscheinungen etwa 2.—5. Größe auf der Platte fixieren zu können. Andererseits ergibt sich bei den helleren Sternschnuppen ein Vorteil, den wir vorläufig noch nicht in Rechnung gesetzt haben: sie können nicht mit Sternen völlig verglichen werden, die bewegt sind. Ein bewegter Stern bleibt immer ein Punkt; das gilt für eine Sternschnuppe nicht mehr. Von einer gewissen Helligkeit an zeigen fast alle Sternschnuppen einen Schweif, der einige Augenblicke hinterher noch leuchtet. Diesem Schweif ist es zu danken, daß überhaupt Sternschnuppen zu photographieren sind, auch wenn sie nicht die eben herausgerechnete Helligkeit der Venus haben. Nehmen wir an, der Schweif glühe 1^s genau in der Bahn und so hell wie die Sternschnuppe nach, dann wirkt nicht ein leuchtender Punkt auf die Platte, sondern wir können uns die Bahn durchlaufen denken von so viel Punkten hintereinander, wie die Länge des Sternschnuppenbildes länger ist als seine Breite. Nehmen wir die Breite zu 0,1 mm an, die Länge zu 30 mm, so gibt das 300 Lichtpunkte oder 300mal mehr Licht, das sind aber 5—6 Größenklassen mehr. Danach wären Sternschnuppen 2. Größe noch gerade zu fixieren, wenn sie einen Schweif von 1^s Leuchtdauer geben. Diese Leuchtdauer und vor allem die Leuchtkraft ist aber ziemlich groß angenommen, die 2. Größenklasse werden wir in seltenen Fällen nur erreichen. Wir werden also unsere Erwartungen nicht zu hoch spannen, andererseits sind wir gewiß, Sternschnuppen so hell wie „Sirius" werden sich wohl aufzeichnen. Noch etwas Neues lernen wir aus der Theorie: wir dürfen die Helligkeit der Sternschnuppe nicht aus photographischen Aufnahmen taxieren, da der Schweif und die Geschwindigkeit dabei eine große Rolle spielen.

Nehmen wir an, es wäre uns geglückt, an den durch reiche Sternschnuppenfälle bekannten Abenden ein Photogramm von Sternschnuppen zu erhalten. Wie legen wir die Bahn der Sternschnuppe fest? Dazu wollen wir von vornherein noch annehmen, wir hätten nach der Uhr nach je 5^m auf einige Sekunden den Apparat abgeblendet und so in den Sternspuren Zeitmarken erhalten. Ferner soll uns die Zeit bekannt sein, zu der die Sternschnuppe fiel. Dann haben wir nur Anfangspunkt und Endpunkt der Bahn an zwei oder mehr Sternspuren anzuschließen, was für die Deklination ohne weiteres möglich ist. Für die Rektaszension nehmen wir eine Zeitmarke, die der beobachteten Zeit nahe liegt, bestimmen die Rektaszensionsdifferenz und verbessern sie um die Differenz der benutzten Zeitmarke gegen die beobachtete Zeit. Ein Beispiel soll helfen: Zeit der Sternschnuppe $8^h\ 10^m\ 2^s$; gegen die Zeitmarke $8^h\ 7^m\ 0^s$ zeige der zu vermessende Punkt die Rektaszensionsdifferenz $+4^m\ 40^s$; dann ist diese Differenz um $3^m\ 2^s$ zu verkleinern, also folgt $\triangle \alpha = +1^m\ 38^s$ ist zu der Rektaszension des benutzten Sterns hinzuzufügen. — Meist handelt es sich bei der Bestimmung von Anfang und Endpunkt der Bahn um keine große Genauigkeit, dagegen um große Genauigkeit bei der Messung der Richtung der Bahn. Man wird also auf der Sternschnuppenspur zwei beliebige Punkte annehmen können und zwar wählt man am besten Schnitte der Sternschnuppenspur mit den Sternspuren. Für diese Punkte ist die Deklination genau gleich der Deklination des Sterns, die Rektaszensionsdifferenz gleich der Differenz Beobachtungszeit minus „Zeitmarke des Schnittpunktes". Diese letztere ist aus zwei benachbarten Zeitmarken leicht zu interpolieren. Man hat dann nach den Regeln der sphärischen Trigonometrie den durch diese zwei Punkte gehenden größten Kreis auszurechnen, vorausgesetzt, daß die Bahn einen regelmäßigen Verlauf gezeigt hat. Am besten arbeitet man also gleichzeitig mit dem Apparat und mit der Karte und Uhr.

Besonderes Interesse bieten solche Aufnahmen zur Bestimmung des Punktes, aus dem mehrere Sternschnuppen eines Schwarmes herzukommen scheinen, des Radianten. Man hat dann die größten Kreise nur zum Schnitt zu bringen, die man durch Vermessung von zwei Sternschnuppen erhalten hat. Zwei Apparate werden nach zwei aufeinander senkrechten Richtungen senkrecht zum Radianten aufgestellt, oder mit dem einen hintereinander zwei Aufnahmen gemacht.

Will man die Höhe von Sternschnuppen aus solchen Aufnahmen bestimmen, so muß man zwei Apparate in einer Entfernung von etwa 1—5 km aufstellen. Solche Aufnahmen würden sehr viel genauere Werte liefern als Einzeichnungen in eine Karte. Doch darf man sich nicht verhehlen, daß man selten eine Spur einer Sternschnuppe wird erhalten können. Die Apparate werden beide gegen das Zenit gerichtet und möglichst lange exponiert, dabei bei jedem Apparat Zeitmarken in Abständen von 5^m durch Verdecken des Objektivs hervorgerufen. Man kann auch mit einem Stativapparat versuchen, den Apparat erst beim Erscheinen eines Meteors schnell auf dieses zu richten und dann in dieser Lage etwa 10^m—15^m stehen zu lassen.

Die mit guten Apparaten gemachten Erfahrungen, gelungene Aufnahmen teile man jedenfalls mit; der Verfasser ist bereit, die Berechnung zu übernehmen und ist für jede Mitteilung über Meteoraufnahmen mit guten Apparaten dankbar. Die Berechnung erfolgt nach den bei der Besprechung der Meteore gegebenen Regeln.

Zur eigenen Belehrung kann man den photographischen Apparat zur Aufzeichnung der scheinbaren Bahn eines Planeten benutzen, z. B. des Mars, Jupiter, Saturn. Man richtet vor der Opposition dieser Planeten den Apparat auf den Planeten um etwa 11^h abends, exponiert jedoch nur 10^s lang. Die Zeit dieser Exposition merkt man nach der Uhr bis auf Sekunden genau. (Der Gang der Uhr wird nach den früher gegebenen Winken kontrolliert.) Der Apparat, der sehr gut befestigt sein muß, wird dann verschlossen, mit einem schwarzen Tuche lichtdicht verhängt und bleibt in genau derselben Lage bis zum nächsten Abend stehen. Dann wird die Exposition auf derselben Platte wiederholt, jedoch um $3^m\,56^s$ früher als am vorhergehenden Tage. Und so fort, so lange als möglich. Es müssen die Sterne als Punkte oder kurze Striche erscheinen, während der Planet seinen Ort von Tag zu Tag ändert und seine scheinbare Bahn in den Sternhimmel einzeichnet.

Sachregister.

Aberration des Lichts 55
Albedo 124
Algol 61
Alignement 42
Andromedaïden 151
Andromedanebel 73
Apex der Sonnenbewegung 57
η-Aquilae 65
Atmosphäre der Erde 1

Bieliden 151
Brechung, atmosphärische 3
Breite, geographische 37

δ-Cephei 64
o-Ceti 65

Dämmerung 4
Deimos 134
Deklination 45
Doppelsterne 71

Ekliptik 84
Elemente der Planetenbahnen 121
— der Veränderlichen 65
Elongation 120
Erde 129
Extinktion 4

Farbe der Fixsterne 69
Fixsterne 41

Gang einer Uhr 9
Größenklasse 58
Größenschätzungen 60
Güldene Zahl 29

Helligkeit der Fixsterne 59
— des Jupiter 139
— des Mars 137
— des Merkur 123
— photographische 156
— des Saturn 141
— der Venus 126
Interpolation 119
Jupiter 137

Kalender 26
— julianischer 29
— gregorianischer 31
Keplers Gesetze 116. 120
Kometen 143
Konjunktion 119
Kontinuierliches Spektrum 96

Korona der Sonne 93
— des Nordlichts 6
Krater des Mondes 115
Kulmination 44

Länge, geographische 37
Lichtdruck 148
Lichtjahr 56
Lichtkurven von Veränderlichen 63
β-Lyrae 61
Lyriden 151

Mars 132
Meridian 11
Merkur 122
Meteore 143
—, Höhe der 153
Meteorringe 148
Mikrometer 48
Milchstraße 75
Mira Ceti 65
Mitteleuropäische Einheitszeit 17
Mond 104
Mondfinsternis 113
Mondkrater 115

Nebelflecken 71
Neptun 142
Neue Sterne 68
Nordlicht 6
Nova Perseï 69

Öffnungsverhältnis 156
Oktaëteris 29
Opposition 116
Orionnebel 74
Ortsbestimmung, astronomische 34 ff.
—, geographische 37
—, photographische 159

Parallaxe 57
Periode b. Veränderlichen 65
Phase des Mondes 105
Phobos 134
Photographie 156
Planeten 115
Polhöhe 39
Präzession 53
Protuberanzen 99

Quadratur 116

Radianten 143
—, Verzeichnis von 152
Rektaszension 45
Rillen des Mondes 114
Rotation der Erde 129
— der Sonne 91
Rückläufigkeit 116

Saturn 139
Schatten, fliegende 91
Scintillieren 2
Sextant 21
Sonne 80
— Durchmesser der 87
Sonnenfinsternisse 91
Sonnenflecken 89
Sonnenhöhe 19
Sonnennähe, -ferne 87
Sonnenorte, Tafel der 32
Sonnentag 13
Sonnenuhren 23
Spektralanalyse 96
Spektrum der Sonne 97
— der Fixsterne 103
Spiralnebel 75
Sternhaufen 71
Sternschnuppen 143
Sterntag 9
Sternverzeichnis 76
Strahlensysteme des Mondes 114
Stufenschätzungen 60

Tafel der Sonnenorte 32
Tafel zur Verwandlung von mittlerer Zeit in Sternzeit 34
Teodolit 21

Umlaufszeit, siderische 119
—, synodische 116
Uranus 142

Venus 124
Veränderliche Sterne 63
Verzeichnis 67

Zahl der Sterne 41
Zeitball 14
Zeitbestimmung 19
Zeitgleichung 13
— Tafel der 32
Zeit, mittlere Sonnen- 13
—, wahre Sonnen- 13
Zodiakallicht 155

Mathematisch-Physikalische Bibliothek

Gemeinverständliche Darstellungen aus der Mathematik u. Physik. Unter Mitwirkung von Fachgenossen hrsg. von

Dr. W. Lietzmann und **Dr. A. Witting**
Direktor der Oberrealschule zu Göttingen Oberstudienr., Gymnasialpr. i. Dresden

Fast alle Bändchen enthalten zahlreiche Figuren. kl. 8. Kart. je M. 5.—

Die Sammlung bezweckt, allen denen, die Interesse an den mathematisch-physikalischen Wissenschaften haben, es in angenehmer Form zu ermöglichen, sich über das gemeinhin in den Schulen Gebotene hinaus zu belehren. Die Bändchen geben also teils eine Vertiefung solcher elementarer Probleme, die allgemeinere kulturelle Bedeutung oder besonderes wissenschaftliches Gewicht haben, teils sollen sie Dinge behandeln, die den Leser, ohne zu große Anforderungen an seine Kenntnisse zu stellen, in neue Gebiete der Mathematik und Physik einführen.

Bisher sind erschienen (1912/21)

Der Begriff der Zahl in seiner logischen und historischen Entwicklung. Von H. Wieleitner. 2., durchgeseh. Aufl. (Bd. 2.)

Ziffern und Ziffernsysteme. Von E. Löffler. 2., neubearb. Aufl. I: Die Zahlzeichen der alten Kulturvölker. (Bd. 1.) II: Die Z. im Mittelalter und in der Neuzeit. (Bd. 34.)

Die 7 Rechnungsarten mit allgemeinen Zahlen. Von H. Wieleitner. 2. Aufl. (Bd. 7.)

Einführung in die Infinitesimalrechnung. Von A. Witting. 2. Aufl. I: Die Differential-, II: Die Integralrechnung. (Bd. 9 u. 41.)

Wahrscheinlichkeitsrechnung. V. O. Meißner. 2. Auflage. I: Grundlehren. (Bd. 4.) II: Anwendungen. (Bd. 33.)

Vom periodischen Dezimalbruch zur Zahlentheorie. Von A. Leman. (Bd. 19.)

Der pythagoreische Lehrsatz mit einem Ausblick auf das Fermatsche Problem. Von W. Lietzmann. 2. Aufl. (Bd. 3.)

Darstellende Geometrie d. Geländes u. verw. Anwend. d. Methode d. kotiert. Projektionen. Von R. Rothe. 2., verb. Aufl. (Bd. 35/36.)

Methoden zur Lösung geometrischer Aufgaben. Von B. Kerst. (Bd. 26.)

Einführung in die projektive Geometrie. Von M. Zacharias. (Bd. 6.)

Konstruktionen in begrenzter Ebene. Von P. Zühlke. (Bd. 11.)

Nichteuklidische Geometrie in der Kugelebene. Von W. Dieck. (Bd. 31.)

Einführung in die Trigonometrie. Von A. Witting. (Bd. 43.)

Einführung i. d. Nomographie. V. P. Luckey. I. Die Funktionsleiter. (28.) II. Die Zeichnung als Rechenmaschine. (37.)

Abgekürzte Rechnung nebst einer Einführ. i. d. Rechnung m. Funktionstaf. insb. i. d. Rechng. mit Logarithmen. Von A. Witting. (Bd. 42.)

Theorie und Praxis des logarithm. Rechenschiebers. Von A. Rohrberg. 2. Aufl. (Bd. 23.)

Die Anfertigung mathemat. Modelle. (Für Schüler mittl. KL) Von K. Giebel. (Bd. 16.)

Karte und Kroki. Von H. Wolff. (Bd. 27.)

Die Grundlagen unserer Zeitrechnung. Von A. Baruch. (Bd. 29.)

Die mathemat. Grundlagen d. Variations- u. Vererbungslehre. Von P. Riebesell. (24.)

Mathematik und Malerei. 2 Teile in 1 Bande. Von G. Wolff. (Bd. 20/21.)

Der Goldene Schnitt. Von H. E. Timerding. (Bd. 32.)

Beispiele zur Geschichte der Mathematik. Von A. Witting und M. Gebhard. (Bd. 15.)

Mathematiker-Anekdoten. Von W. Ahrens. 2. Aufl. (Bd. 18.)

Die Quadratur d. Kreises. Von E. Beutel. 2. Aufl. (Bd. 12.)

Wo steckt der Fehler? Von W. Lietzmann und V. Trier. 2. Aufl. (Bd. 10.)

Geheimnisse der Rechenkünstler. Von Ph. Maennchen. 2. Aufl. (Bd. 13.)

Riesen und Zwerge im Zahlenreiche. Von W. Lietzmann. 2. Aufl. (Bd. 25.)

Was ist Geld? Von W. Lietzmann. (Bd. 30.)

Die Fallgesetze. Von H. E. Timerding. 2. Aufl. (Bd. 5.)

Ionentheorie. Von P. Bräuer. (Bd. 38.)

Das Relativitätsprinzip. Leichtfaßlich entwickelt von A. Angersbach. (Bd. 39.)

Dreht sich die Erde? Von W. Brunner. (17.)

Theorie der Planetenbewegung. Von P. Meth. 2., umg. Aufl. (Bd. 8.)

Beobachtung d. Himmels mit einfach. Instrumenten. Von Fr. Rusch. 2. Aufl. (Bd. 14.)

Mathem. Streifzüge durch die Geschichte der Astronomie. Von P. Kirchberger. (Bd. 40.)

In Vorbereitung: Doehlemann, Mathem. u. Architektur. Schips, Mathem. u. Biologie. Winkelmann, Der Kreisel. Wolff, Feldmessen u. Höhenmessen.

Verlag von B. G. Teubner in Leipzig und Berlin

Preisänderung vorbehalten

Rautrw. Bibl. 5: Ruſch, Himmelsbeobachtung. 2. Aufl.

Schaffen und Schauen

I: Volk und Vaterland. 4. Aufl. Geb. . . . . M. 42.—

Auch in 2 Teilbänden: 1. Das deutsche Reich. Land, Volk, Staat . . . M. 24.—
2. Das Wirtschaftsleben. Volkswirtschaft, Wirtschaftspolitik, Im Beruf M. 30.—

„Ich habe lange kein Buch gelesen, das mit solcher Kraft und Zuversicht erfüllt, das so anspornt, sich mit allen Kräften für sein Vaterland einzusetzen. Das Buch ist wie ein Stahlbad, das stärker macht zum Kampfe gegen sich selber, das vom Ich-Standpunkt fortführt zum gemeinsamen des Volkes, zum Schaffen am Vaterland. Ein Führer ins Leben will es sein und wird es hoffentlich Unzähligen werden." (Werden und Wirken.)

„Es ist ein Buch so recht zum Sinnen und Denken anregend u. zum Gutsein begeisternd. Es wird in jungen Seelen gute Saat wecken." (Jugendschriften-Warte.)

II: Des Menschen Sein u. Werden. 3. Aufl. Geb. . . . . M. 42.—

Auch in 2 Teilbänden: 1. Menschenleben. Leib und Seele, Lebensführung . M. 18.—
2. Geistesleben. Kultur, Wissenschaft, Philosophie, Kunst, Religion. . . M. 24.—

Zeigt das Werden unserer geistigen Kultur, Wesen und Aufgaben der wissenschaftlichen Forschung im allgemeinen wie der Geistes- und Naturwissenschaften im besonderen, die Bedeutung der Philosophie, Religion und Kunst als Erfüllung tiefwurzelnder menschlicher Lebensbedürfnisse, ferner als Voraussetzung von all diesem die Stellung des Menschen in der Natur, die Grundbedingungen und Äußerungen seines leiblichen und seines geistigen Daseins und andererseits zusammenfassend die Gestaltung der Lebensführung nach den in dem Werke dargelegten Grundsätzen.

Die vollständigen Bände, wenn zusammen bezogen, M. 75.—

Von deutscher Art und Kunst

Eine Deutschkunde. Herausgegeben von Dr. W. Hofstaetter. 3. Auflage. Mit 42 Tafeln und 2 Karten. Geb. M. 42.—

„Das deutsche Land nach Natur und Geschichte, der deutsche Mensch in seinem Aufstieg nach Sitte und öffentlichem Brauch, deutsche Kunst und Kultur: all das überblickt man nirgends so deutlich und übersichtlich in richtigem Zusammenhange wie hier." (Das Größ. Deutschland.)

Geschichte der deutschen Dichtung

Von Dr. H. Röhl. 3., verb. u. b. auf die Gegenwart fortgef. Aufl. Geb. M. 13.50

„Mit großem Geschick weiß der Verf. in knappen Worten einen Zeitabschnitt, das Wirken einer Persönlichkeit trefflich zu charakterisieren." (Südw. Schulbl.)

Unsere Muttersprache, ihr Wesen und ihr Werden

Von Geh. Studienr. Prof. Dr. O. Weise. 9., verb. Aufl. Geb. M. 16.20

„Ein schier unerschöpflicher Inhalt wird uns vorgeführt in einem Gewande und in einer Darstellungsweise, daß auch der weniger sprachlich Geschulte den Ausführungen folgen kann, die aber nicht minder auf wissenschaftlicher Grundlage beruhen." (Literarische Beilage der Westdeutschen Lehrerzeitung.)

Der deutschen Jugend Handwerksbuch

Herausgegeben von Geh. Oberregierungsrat Prof. Dr. L. Pallat.

I. Band. Für Anfänger. 3. Aufl. Mit 117 Abb. und 1 farbigen Tafel. Geb. M. 18.75
II. Band. Für Geübtere. 2. Aufl. Mit 136 Abb. und 3 farbigen Tafeln. Geb. M. 37.50

Inhalt des I. Bandes: 1. Bastelarbeiten. 2. Allerlei unterhaltende u. lehrreiche Arbeiten aus Papier und Pappe. 3. Beschäftigsspiele! 4. Festschmuck. 5. Kleisterpapiere. 6. Spielgerät u. Spielzeug aus Naturholz. 7. Spielzeug aus Brettholz. – Inhalt des II. Bandes: 1. Papparbeiten. 2. Drucken mit Linoleum und Papier. 3. Anfertigen von Gall- und Sprengpapieren. 4. Holzarbeiten. 5. Metallarbeiten. 6. Arbeiten an Elementen. 7. Flugzeugstudien.

Verlag von B. G. Teubner in Leipzig und Berlin

Preisänderung vorbehalten

Sport. Von Generalsekretär Dr. h. c. C. Diem. Mit 1 Titelbild u. 4 Spielplänen. (ANuG Bd. 551.) Kart. M. 6.80, geb. M. 8.80

Gibt einen Überblick über die verschiedenen Zweige des Sports ihre Regeln und Ausführung, ein Gesamtbild von der Bedeutung der modernen Körperkultur bietend. Dem Wettkampf, dem Training, der Hygiene, der Höchstleistung sind besondere Abschnitte gewidmet; die wichtigsten Welt- und deutschen Rekords sind überall verzeichnet.

Der deutschen Jugend Sportbuch. Unter Mitarbeit maßgebender Vertreter der einzelnen Sportarten hrsg. v. Dr. H. O. Simon. Mit 80 Abb. Geb. M. 18.—

„Es ist ein vaterländisches Buch im vollsten Sinn des Wortes. Als Sportbuch bietet es in Fülle all das, wonach jedes Jünglings Herz verlangt, Leben, Lust, Kampf und Sieg, echt deutschen Sport mit allen seinen Segnungen und Freuden." (Körper und Geist.)

Das Wandern. Anleit. 3. Wanderung u. Turnfahrt in Schule u. Verein. Von Geh. Hofrat Prof. H. Randt u. Prof. F. Eckardt. 3. Aufl. Mit Abb. [U. d. Pr. 1921.]

„...Ein feines Büchlein. Wunderhübsch ist der Segen des Wanderns und die deutsche Wanderlust dargestellt. Der muß schon recht steif und verknöchert sein, der es liest und fühlt nicht Sehnsucht nach blauem Berg, und grünem Wald und bunter Wiese. Daneben bietet es in knapper übersichtlicher Form alles Wissenswerte über Art, Vorbereitung und Ausführung von Wanderungen." (Monatsschrift für das Turnwesen.)

Fröhlich Wandern. Von weil. Geh. Hofrat Prof. H. Randt. 2. Aufl. Mit zahlr. Abb. Kart. M. 7.20

„Randt weiß so manches Fesselnde zu berichten von den vielen Wanderfahrten seiner eigenen Kindheit und läßt uns spüren, wie deren reiche Eindrücke noch jetzt so bunt und mannigfaltig in seinem Erinnern leben.... Es folgen eine ganze Reihe praktischer Winke für die Ausführung von Jugendwanderfahrten." (Zugvogel.)

Schülerausflüge. Eine Quelle der Kraft und Freude. Von Prof. Dr. H. Schomburg. Kart. M. 9.—

Zeigt einleitend den Wert regelmäßiger Wanderungen für die körperliche und geistige Ausbildung, sowie für die sittliche Lebensauffassung und -Führung der Jugend und bietet im Hauptteil in Gestalt systematisch geordneter Erfahrungen und Ratschläge dem Führer das Rüstzeug, diese Wanderungen zu einer Quelle der Kraft und Freude zu gestalten.

Skizzier-Büchlein. Landschaftsskizzieren für jedermann. Von F. Distler. Mit 41 Abbildungen im Text. Kart. M. 6.—

Eine Anleitung zum Skizzieren nach der Natur, die zeigt, wie bei größter Vereinfachung der Darstellungsweise feinste Wirkungen erzielt und die charakteristische Eigenart des Motivs herausgebracht werden kann. Das Büchlein ist wertvoll für jeden Wanderer und Naturfreund, auch für den nicht zeichnerisch Begabten, der sich bald eine große Fertigkeit aneignen wird. Das Zeichnen schärft den Blick für die Schönheiten der Natur, und das von der Reise heimgebrachte „Skizzierbüchlein" erhält am schönsten die Erinnerung wach an das Erlebnis der Wanderung in Gottes freier Natur.

Streifzüge durch Wald und Flur. Eine Anleitung zur Beobachtung der heimischen Natur in Monatsbildern. Von weil. Prof. B. Landsberg und weil. Rektor Prof. Dr. W. B. Schmidt. 6. Aufl., vollst. neubearb. von Dir. Dr. A. Günthart. Mit zahlr. Originalzeichnungen u. Abbildungen. Geb. M. 34.—

„... Niemand mehr, der dieses Buch als seinen Führer erwählt hat, wird gleichgültig im Freien herumgehen, sondern er wird überall und jederzeit etwas finden, das sein Denken beschäftigen wird...." (Westermanns Monatshefte.)

Neue Geschichten aus dem Tierleben. Von A. Marx. 2. Aufl. Mit 23 Abbildungen. Kart. M. 17.—

„Ein prächtiges Büchlein für jung und alt, voll herzerfrischenden Humors! Schilderungen wie „Freßsack", „Kreuzotter" sind auch für uns von speziellem Interesse, aber auch „Frühlingsnacht", „Pica", „Grimmbarts Nachtbummel" und andere wird jeder Naturfreund mit Behagen lesen...." (Blätter für Aquarien- u. Terrarienkunde.)

Einführung in die Biologie. Von Prof. Dr. K. Kraepelin. Bearb. von Prof. Dr. C. Schäffer. Gr. Ausgabe. 5., verb. Aufl. Mit 461 Textb., 1 schw. Tafel, 4 Tafeln in Buntdruck und 3 Karten. Geb. M. 35.—. Kl. Ausgabe. Mit 333 Abb., 1 schw. Tafel sowie 4 Taf. u. 2 Kart. in Buntdruck. Geb. M. 16.20

„Jeder wird dieses Buch mit hohem Genuß lesen und zugeben müssen, daß hier ein Schatz kostbarer Gedanken ausgebreitet liegt, von dem der Gebildete, mehr, als es heute der Fall zu sein pflegt, mit ins Leben hinausnehmen müßte." (Deutsche Literatur-Zeitung.)

Verlag von B. G. Teubner in Leipzig und Berlin

Preisänderung vorbehalten

Additional material from *Himmelsbeobachtung mit bloßem Auge,*
ISBN 978-3-663-15357-3, is available at http://extras.springer.com

MIX
Papier aus verantwortungsvollen Quellen
Paper from responsible sources
FSC® C105338

If you have any concerns about our products,
you can contact us on
ProductSafety@springernature.com

In case Publisher is established outside the EU,
the EU authorized representative is:
**Springer Nature Customer Service Center GmbH
Europaplatz 3, 69115 Heidelberg, Germany**

Printed by Libri Plureos GmbH
in Hamburg, Germany